당신의 마음을 전하는
최고의 방법,
달콤한 디저트를 선물하세요.

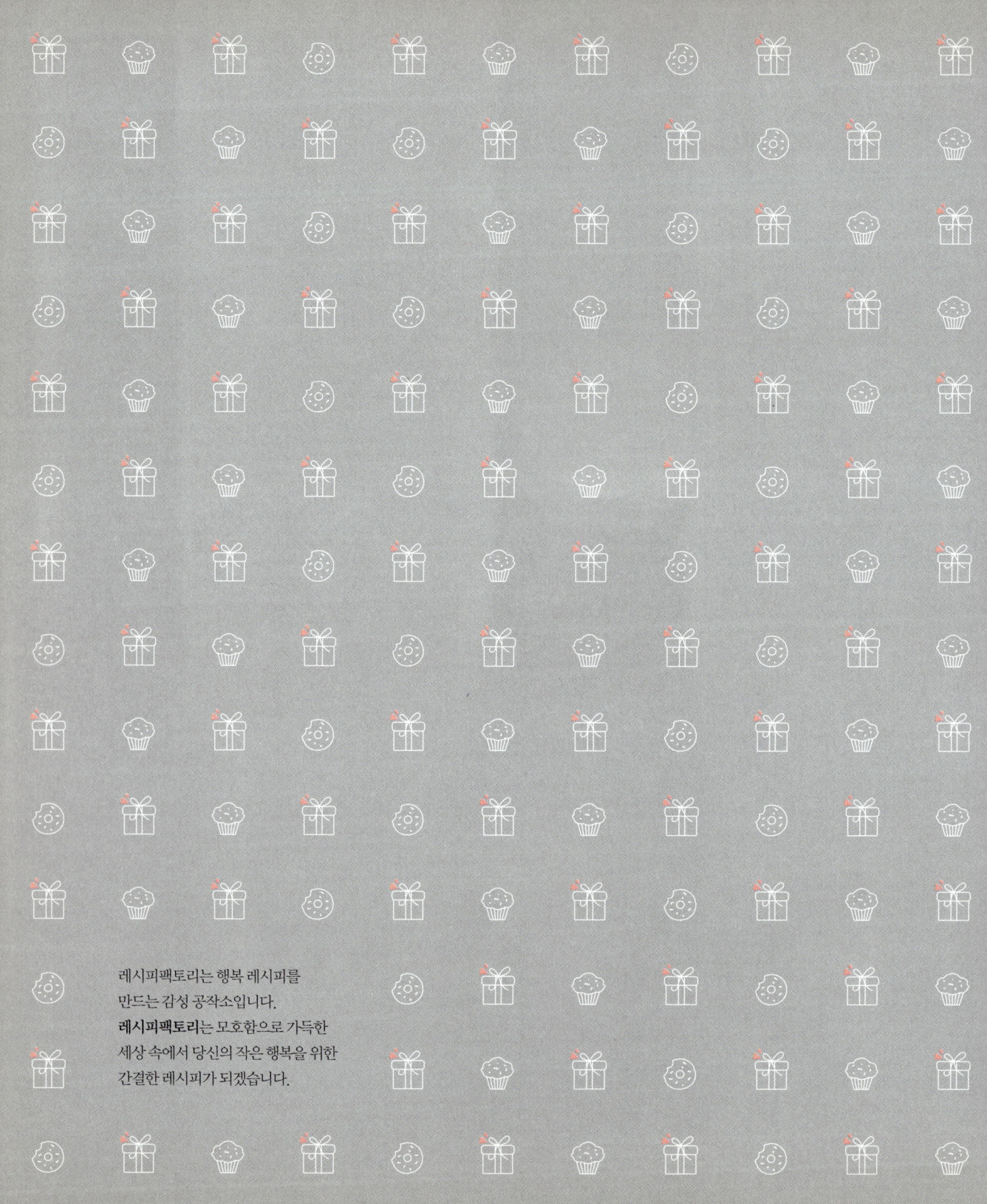

레시피팩토리는 행복 레시피를
만드는 감성 공작소입니다.
레시피팩토리는 모호함으로 가득한
세상 속에서 당신의 작은 행복을 위한
간결한 레시피가 되겠습니다.

달콤한
디저트를
선물할래

서현명 지음

prologue

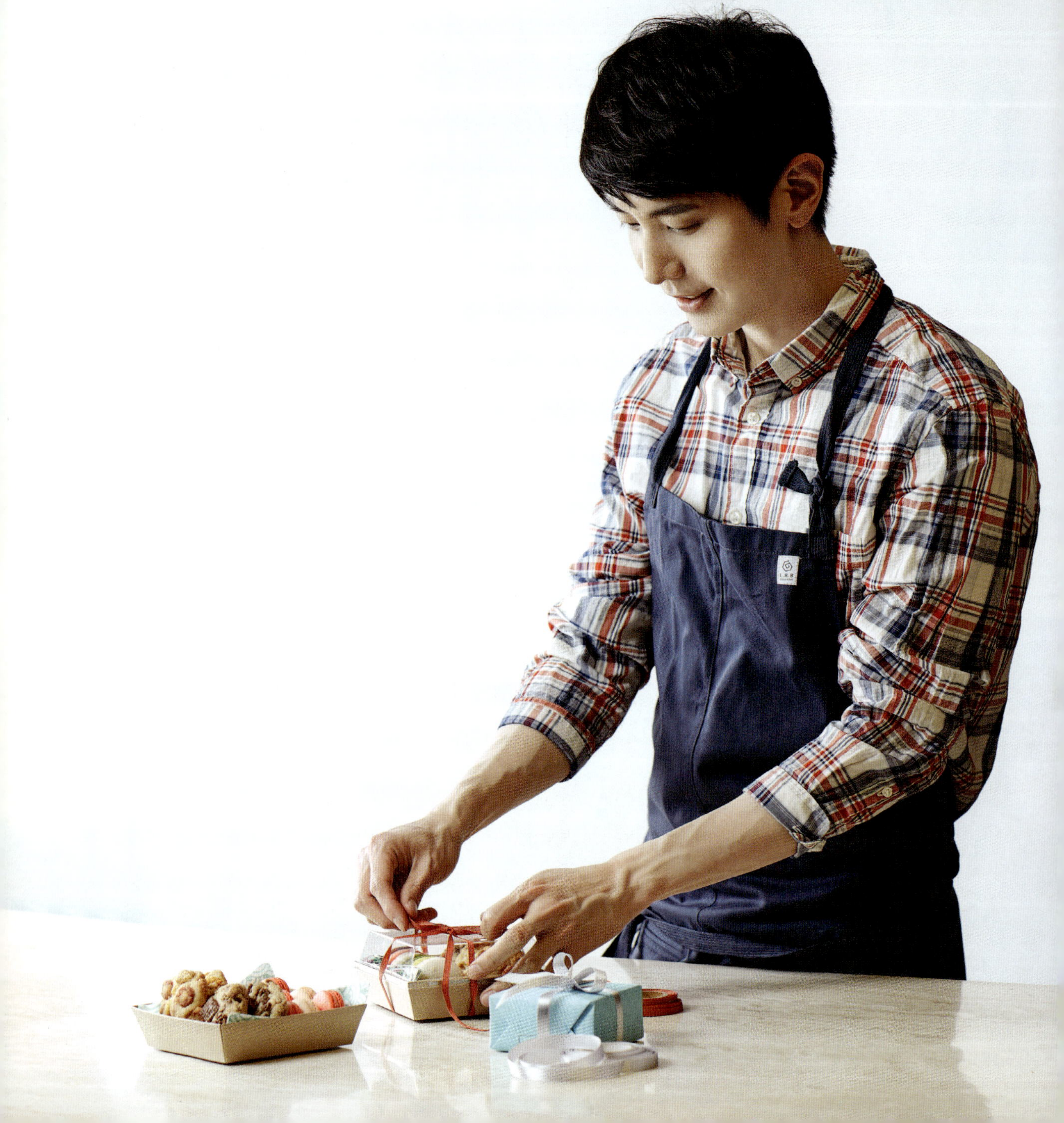

"디저트를 왜 만드냐고요?
행복해지기 위해서죠"

베이킹 클래스를 진행하면서 많은 수강생들에게 디저트를 만드는 이유를 물어보면
대부분 자신이 먹기 위해서가 아닌 누군가에게 선물하기 위해서 만든다고 대답합니다.
아마도 선물이란 받는 즐거움보다 주는 즐거움이 더 크기 때문이겠죠.
사랑하는 사람, 고마운 사람에게 조금 서툴고 부족하더라도 정성을 담아
직접 만든 디저트를 선물한다면 그 마음과 감동은 두 배가 될 것입니다.
그리고 선물 후의 기쁨은 그 이상이 되어 당신을 행복하게 만들어줄 거예요.

"특별한 날, 조금 더 특별한 선물을 하세요"

생일, 밸런타인데이, 스승의 날, 어버이날, 집들이, 기념일, 시험 등 우리 삶에는 소중한 날들이
너무나 많습니다. 그날들이 더 좋은 추억으로 남겨질 수 있도록 도와주는 것이 디저트가 아닐까요?
이 책에는 누구나 쉽고 재미있고 맛있게 디저트를 만들 수 있는 레시피를 담았습니다.
디저트 만들기 어렵지 않아요! 이제 직접 만들어 선물하세요.

"달콤한 디저트와 함께 감사의 마음을 전하고 싶습니다"

베이킹과 요리를 처음 시작할 때부터 꿈이 하나 있었습니다. 제 이름의 레시피 책을 출간하는
것이었지요. 그간 차근차근 열심히 준비하여 드디어 저의 첫 번째 책이 나오게 되었습니다.
세상에서 제일 사랑하는 어머니, 아버지, 그리고 이 책이 나오기까지 옆에서 도와주시고
응원해주신 모든 분들, 레시피팩토리 식구들께 감사 인사를 드려야겠네요.
책이 나오면 달콤한 디저트와 함께 한 분 한 분 찾아가 제 마음을 전하겠습니다.
앞으로 더욱 겸손하게 맛있는 디저트를 만드는 셰프, 서현명이 되겠습니다. 감사합니다.

2016년 벚꽃 피는 날, 서현명

Contents

Dessert for you

특별한 선물포장

Wow~ What a special dessert!

미리
준비하기

디저트를 만들기 전에 밑 준비를
해둬야 실패 없이, 끊김 없이
바로바로 다음 과정을 진행할 수
있어요. 정확한 계량은 물론
재료, 틀 준비까지 잊지 말아야 할
기본 준비를 알려드립니다.

1/2 작은술 / 1/3 작은술

1/2 큰술 / 1/3 큰술

계량하기

계량스푼
50g, 2큰술 이하의 재료들은 계량스푼으로 계량한다.
1큰술(TS) : 15㎖
1/2큰술(TS) : 7~8㎖
1작은술(ts) : 5㎖
1/2작은술(ts) : 2~3㎖

- **가루류** : 가득 담아 윗면을 평평하게 깎는다.
- **액체류** : 수평으로 넘치지 않을 정도까지 가득 부어 담는다.

전자저울
50g, 2큰술 이상의 재료들은 전자저울로 계량한다.
1g 단위로 표시되는 전자저울이 일반 눈금 저울보다
정확하고 사용하기 편리하다.

- **가루류, 액체류** : 전원을 켜고 계량용 볼(그릇)을 올린다.
  0set 버튼을 눌러 전체 무게를 0으로 맞춘 후
  재료를 담는다.

실온에 미리 꺼내두기

버터, 달걀, 크림치즈, 마스카르포네 치즈 등은
1시간 전에 냉장실에서 꺼내 냉기를 제거한다.

Why? 재료를 실온에 두면 부드럽게 풀어지고, 각각의 재료를
섞을 때 온도차로 인해 분리되는 현상을 막을 수 있다.

다지기, 썰기

견과류, 채소, 과일 등은 사방 0.5cm 크기로
다지고 판으로 된 커버춰 초콜릿은
사방 0.5~1cm 크기로 썬다.

Why? 반죽 속에 들어가는 재료들은
다져서 넣어야 골고루 섞인다.
크기가 큰 커버춰 초콜릿은 작고 균일하게
썬 후 녹여야 일정한 온도로 골고루 녹는다.
버튼형 커버춰 초콜릿은 이 과정을 생략한다.

체 치기

밀가루, 베이킹파우더, 코코아가루 등
반죽에 같이 넣어 섞는 가루 재료들은
함께 계량한 후 1~2번 체에 내린다.

Why? 가루 재료를 체 치면 뭉치거나 덩어리 진
가루들이 풀어지고, 여러 종류의 가루 재료를
골고루 섞을 수 있다. 또한 가루 사이사이에
공기가 들어가 반죽이 부드러워진다.

유산지 깔기

유산지(또는 종이 포일)를 틀의 바닥과 옆면에
맞춰 자른 후 틀 안쪽에 넣는다. 틀 모양에 맞춰
딱 맞게 잘라야 모양이 예쁘게 구워진다.

Why? 틀에 유산지를 깔고 반죽을 담아야
구운 후 틀에서 깨끗하게 분리할 수 있다.
마들렌, 아몬드틀 등 크기가 작고 굴곡이 있어
유산지를 깔 수 없는 틀의 경우
안쪽에 녹인 버터를 골고루 바른다.

낯선 재료 공부하기

이 책에 사용된
낯선 재료들을
소개합니다.
재료의 특성과 쓰임새를
정확하게 알아두면
디저트 만들기가
더 쉬워질 거예요.

★ 구입처
커버춰 초콜릿, 젤라틴, 마스카르포네 치즈,
마시멜로는 대형 마트에서 구입 가능하다.
그 외 재료들은 온라인 베이킹 몰 또는
베이킹 매장에서 구입할 수 있다.

① 파우더(블루베리, 레몬)
과일을 건조시킨 후 고운 분말 형태로
만든 것이다. 향과 맛이 응축되어
디저트를 만들 때 소량만 넣어도
진한 맛과 색, 향을 낼 수 있다.

② 커버춰 초콜릿
(Couverture chocolate)
카카오 버터 함유량이 많은
고급 초콜릿으로 풍미가 뛰어나다.
카카오콩을 가공한 후 곱게 갈은
카카오 매스 함량에 따라 다크, 밀크,
화이트초콜릿으로 나뉜다.

③ 코팅용 초콜릿(Coating chocolate)
카카오 버터 대신 식물성 유지를 넣어
만든 초콜릿으로 커버춰 초콜릿 보다
풍미는 떨어지나 매끄럽게 발리고
윤기 나게 굳어 주로 장식용으로
사용된다.

④ 팥앙금
팥과 강낭콩을 삶은 후 으깨가며
설탕에 조려 만든 것으로 양갱, 만주,
빵 등의 속 재료로 사용된다.
이 책에서는 대두식품 앙금을 사용했다.
대두식품 : idaedoo.com

⑤ 마롱 페이스트(Marron paste)
마롱은 프랑스로 '밤'을 뜻한다.
밤을 설탕에 조린 후 으깨 부드러운
상태로 만든 것으로 케이크의 필링 또는
다른 크림과 섞어 밤 크림을 만들 때
사용한다.

⑥ 젤라틴(Gelatine)
동물의 연골, 힘줄 등을 원료로 만든다.
투명한 색상으로 부드럽게 굳어
젤리, 무스, 크림 등을 굳힐 때 사용한다.
판 젤라틴을 가루 젤라틴으로 대체할
경우 판 젤라틴 1장(2g)을 가루 젤라틴
1/2작은술로 대체한다.

⑦ **바닐라 익스트랙(Vanilla extract)**
바닐라콩을 건조시킨 바닐라 빈(Vanilla bean) 씨앗을 원료로 만든 향료이다. 달걀과 밀가루에서 나는 특유의 냄새를 잡아준다. 동량의 바닐라 오일로 대체 가능하다.

⑧ **마시멜로(Marshmallow)**
달걀흰자에 설탕 시럽을 넣고 머랭을 만든 후 젤라틴을 넣어 부드럽게 굳힌 것으로 말랑말랑하고 부드러운 식감이 특징이다. 구우면 단맛이 더욱 강해진다.

⑨ **박력 쌀가루**
쌀을 밀가루처럼 곱게 빻아 만든 것. 밀가루와 달리 반죽해도 글루텐이 생기지 않는다. 부드럽고 가벼운 식감의 쿠키, 케이크를 만들 때 사용한다. 강력 쌀가루는 박력 쌀가루에 글루텐을 첨가한 것으로 쫄깃한 식감의 쿠키, 케이크, 빵 등을 만들 때 사용한다.

⑩ **사워크림(Sour cream)**
생크림을 발효시켜 만든 것으로 생크림 보다 걸쭉하고 새콤한 맛이 난다. 동량의 떠먹는 플레인 요구르트로 대체 가능하다.

⑪ **마스카르포네 치즈 (Mascarpone)**
우유에서 분리한 크림에 산을 넣어 응고시켜 만든다. 다른 치즈에 비해 짠맛이나 특유의 향이 적고 맛이 부드러우며 우유 향이 난다.

⑫ **베이킹파우더(Baking powder)**
쿠키나 케이크를 부풀리는 팽창제. 수분과 열을 가하면 화학반응을 일으켜 탄산가스를 만든다. 베이킹소다는 수분과 산성 재료를 만나면 팽창하여 산성 재료가 들어가는 레시피에 주로 사용된다.

낯선 도구
알아보기

독특한 모양과 무늬를 내는 틀과 도구를
사용하는 이유와 원리를 이해하면
디저트 만들기가 더 재밌어질 거예요.

★ 구입처
온라인 베이킹 몰 또는 베이킹 매장에서 구입할 수 있다.

① 구겔호프(Gugelhopf)틀
철 또는 스테인리스로 만든 두껍고
깊은 모양의 틀로 열이 통하기 쉽도록
중앙에 구멍이 있고 바닥에 물결 무늬가
있는 것이 특징이다. 열이 천천히 오래
전달되도록 만들어져 파운드케이크처럼
무거운 반죽을 골고루 굽기에 적합하다.

② 아몬드(Almond)틀
아몬드를 닮은 타원형 모양과 무늬가
특징으로 머핀, 파운드케이크,
스펀지케이크 반죽 등을 구울 수
있다. 아몬드틀 대신 머핀틀, 미니
파운드케이크틀을 사용해도 좋다.

③ 피낭시에(Financier)틀
작고 네모난 금괴 모양의 틀이다.
금융가를 뜻하는 불어
피낭시에(Financier)에서 유래된
구움 과자를 구울 때 사용한다.
피낭시에틀 대신 미니 머핀틀, 미니
파운드케이크틀을 사용해도 좋다.

② ④ ① ③ ⑤

④ 줄무늬 스크래퍼(Scraper)
폴리프로필렌 소재로 삼면에 다양한
크기의 물결 무늬가 있다. 케이크 옆면과
윗면을 장식하거나 얇게 편 초콜릿을
긁어 초콜릿 장식을 만들 때 사용한다.

⑤ 테프론 시트(Teflon sheet)
테프론 코팅이 되어있어
표면이 매끄러워 반죽을 구울 때
눌러 붙지 않고 잘 떨어진다.
열에 강하고 재질이 튼튼해 세척이
가능하며 반영구적으로 사용할 수 있다.

⑥ 편백나무틀
편백나무로 만든 사각틀로 깊고
두꺼우며 아랫부분이 뚫려있는 것이
특징이다. 틀에 유산지를 깔고 반죽을
채워 굽는다. 편백나무틀에 구우면
열이 천천히 오래 전달되어 반죽이
촉촉하고 편백나무 향이 은은하게
배어든다. 편백나무틀 대신 사각틀을
사용해도 좋으며 이때는 굽는 시간을
조절한다. 세척 후 그늘진 곳에서
건조시킨다.

⑦ 도넛(Doughnut)틀
동그란 도넛 모양의 틀로 머핀,
스펀지케이크 반죽 등을 구울 수 있다.
도넛틀 대신 미니 머핀틀, 피낭시에틀을
사용해도 좋다.

⑧ 펑리수(凤梨酥)틀
대만의 대표 과자인 펑리수를
만들 수 있는 전용 틀이다.
틀 안쪽에 녹인 버터를 바른 후
반죽을 채워 굽는다. 펑리수틀 대신
피낭시에틀을 사용해도 좋다.

⑨ 시폰(Chiffon)틀
알루미늄 재질로 얇고 깊은 틀에
열이 통하기 쉽도록 중앙에 기둥이 있다.
유산지를 깔지 않고 물을 뿌린 후
반죽을 채우는 것이 특징이다.
중앙의 기둥은 굽는 동안 가벼운
시폰케이크 반죽이 꺼지지 않도록
지지대 역할을 한다.

⑩ 무스(Mousse)틀
스테인리스 소재로 케이크를 쉽게
분리할 수 있도록 링 모양으로 되어있다.
틀 안에 무스띠를 두르고 반죽을 채운 후
굳히는 케이크를 만들 때 사용한다.

⑥ ⑦ ⑧ ⑨ ⑩

포장, 장식 재료
알아보기

디저트를 더욱 예쁘게 만들어줄 신의 한 수 장식 재료.
선물할 때 어깨를 으쓱하게 만들어줄 멋스러운
포장 재료만 있다면 디저트 선물하기 어렵지 않아요.

★ 구입처

포장 재료 구입처 19쪽 참고. 코코아가루, 슈가파우더, 견과류, 허브,
말린 과일, 생과일, 시판 과자는 대형 마트에서 구입 가능하다.
그 외 재료들은 온라인 베이킹 몰 또는 베이킹 매장에서 구입할 수 있다.

① 페이퍼 백

식품이 직접 닿아도 되는 식품용
페이퍼 백을 사용한다. 내부에 코팅이
되어있는 것을 선택하면 쿠키나
머핀을 담아도 기름이 배어 나오지
않는다. 식품용이 아닐 경우 디저트를
별도 비닐 포장한 후 담는 것이 좋다.

② 비닐 포장지

식품이 직접 닿아도 되는 식품용 비닐을
사용한다. 쿠키 비닐, 케이크 비닐 등
다양한 사이즈가 있으니 용도에 따라
선택한다.

③ 베이킹 트레이

다양한 모양과 크기가 있어
여러 가지 디저트를 담아 포장할 수 있다.
반죽을 담아 구울 수 있는 일회용 머핀,
파운드케이크틀을 활용해도 좋다.

④ 네임 택(Tag)

디저트를 선물할 때 네임 택에 디저트의
이름과 보관 기간을 적어 선물한다.

⑤ 스티커
포장에 생기를 불어 넣어주는 재료로
다양한 사이즈와 디자인이 있으니
기호에 따라 선택한다.

⑥ 포장 상자
베이킹 전용 포장상자를 사용하면
이동 시 안전하게 운반할 수 있다.
케이크 상자는 케이크 크기에 딱 맞는
상자를 이용하고 머핀은 고정 장치가
있는 것을 고르는 것이 좋다.

⑦ 유리병(플라스틱통)
유리병 또는 플라스틱 밀폐용기에
디저트를 담아 선물하면
보관이 편리하다.

⑧ 리본(장식 끈)
리본은 장식하는 용도 이외에 포장을
단단하게 한 번 더 고정하는 역할을 한다.

⑨ 코코아가루, 슈가파우더
케이크 위에 뿌리면 장식 효과는 물론
수분이 증발하는 것을 막아준다.
쉽게 녹지 않도록 전처리된
코팅용 슈가파우더를 사용하면 좋다.
코코아가루는 코팅용 슈가파우더를 뿌린
후 그 위에 뿌리면 쉽게 녹지 않는다.

⑩ 코코넛슬라이스
디저트 위에 뿌리거나 붙여서 장식하면
코코넛 특유의 맛과 향을 더할 뿐 아니라
장식 효과를 준다. 얇은 막대 형태의
코코넛슬라이스와 입자가 작은
분말 형태의 코코넛파우더가 있다.

⑪ 스프링클
설탕으로 만든 장식 재료로 다양한
색상과 모양이 있다. 빼빼로, 도넛,
케이크 등에 초콜릿, 크림을 바르고
스프링클을 뿌려 장식한다.

⑫ 견과류
(호두, 피칸, 피스타치오, 아몬드 등)
견과류는 끓는 물에 살짝 데치면
불순물이 제거되고, 팬에 볶아
사용하면 더 고소해진다.
그대로 올리거나 다져서 장식한다.

⑬ 허브(애플민트, 로즈마리 등)
케이크 위에 허브를 올리면 싱그러운
느낌을 준다.

⑭ 말린 과일, 생과일
케이크 속에 들어간 과일을 장식으로
올리면 케이크의 재료와 맛을 표현하는
역할을 한다. 말린 과일, 생과일 등을
그대로 또는 잘라서 사용한다.

⑮ 장식용 픽(Pick)
케이크 픽, 토퍼, 번팅 등으로 불린다.
케이크 장식에 자신이 없을 때
데코 장식을 이용하면 손쉽게
멋스러운 디저트를 만들 수 있다.

⑯ 식용 색소
디저트에 색상을 표현하는 재료이다.
천연 색소는 식용 색소에 비해
색이 탁하며 과일, 채소 등의
천연 식품으로 만든다.
첨가물을 넣은 식용 색소는
천연 색소에 비해 색이 선명하다.
제조사에 따라 발색이 다르니
조금씩 넣어가며 기호에 따라
색상을 조절하는 것이 좋다.

⑰ 시판 과자
손쉽게 케이크를 장식할 수 있는 재료.
다양한 종류와 모양의 시판 과자나
쿠키를 사용해도 좋다.

기본 테크닉 익히기

단단하게 휘핑하기, 자르듯이 섞기,
아이싱 등 알쏭달쏭한 디저트 만들기
테크닉을 자세하게 알려드려요.
반죽을 제대로 만들고 상태를 파악하는
요령을 터득하면 절대 실패가 없어요.

버터 부드럽게 풀기
실온에 두어 말랑한 버터를
핸드믹서의 거품기(중간 단)
로 마요네즈처럼 부드러운
상태가 될 때까지 푼다.
볼 옆면에 붙은 버터가 삼각뿔
모양이 되면 잘 풀어진 것이다.

달걀 단단하게 휘핑하기
볼에 달걀을 넣고 설탕을
2~3번에 나누어 넣으며
핸드믹서의 거품기(높은 단)
로 휘핑한다. 반죽을 들어올려
충층이 떨어트렸을 때
3초 이상 유지된 후 서서히
퍼지는 정도가 되야 단단하게
휘핑한 것이다.

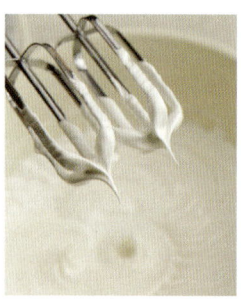

머랭, 생크림 단단하게 휘핑하기
볼에 달걀흰자(또는 생크림)를
넣고 설탕을 조금씩 넣어가며
핸드믹서의 거품기(높은 단)
로 휘핑한다. 거품기로 들어
올렸을 때 뾰족한 삼각뿔
모양이 되면 단단하게 휘핑한
것이다. 생크림은 너무 많이
휘핑하면 유지방이 분리되어
덩어리가 생기니 주의한다.

머랭 부드럽게 휘핑하기
볼에 달걀흰자를 넣고
설탕을 조금씩 넣어가며
핸드믹서의 거품기
(중간 단)로 휘핑한다.
거품기로 들어 올렸을 때
끝이 살짝 휘어지는
삼각뿔 모양이 되면
부드럽게 휘핑한 것이다.

생크림 부드럽게 휘핑하기
볼에 생크림을 넣고 설탕을
조금씩 넣어가며 핸드믹서의
거품기(중간 단)로 휘핑한다.
핸드믹서 날 자국이 살짝 남는
정도가 되면 부드럽게 휘핑한
것이다. 무스, 푸딩, 젤리 등
부드러운 식감의 디저트를
만들 때는 크림을 부드럽게
휘핑한다.

반죽에 포도씨유 넣기
달걀로 만든 반죽에
기름(포도씨유)을 섞을 때는
볼 옆면을 타고 흐르듯이
조금씩 넣으며 섞어야
분리되지 않고
골고루 섞을 수 있다.

반죽 자르듯이 섞기
반죽을 끊어주듯이 섞어
글루텐 형성을 최소화하는
반죽법이다. 주걱의 날로
반죽을 자른다는 느낌으로
반죽한다. 쿠키의 바삭한
식감은 살리고 머핀,
파운드케이크 반죽의 식감이
질겨지는 것은 방지한다.

반죽 뒤집듯이 섞기
거품을 꺼트리지 않으면서
수분이 많은 반죽에 가루를
섞는 방법이다. 주걱으로
바닥의 반죽을 들어올리고
손목을 돌려 반죽을
뒤집는다는 느낌으로 섞는다.

두 가지 크림 섞기
크림치즈, 마스카르포네
치즈에 휘핑한 생크림을
섞을 때는 무거운 크림
(치즈)에 가벼운 크림
(생크림)을 조금씩 넣어가며
섞어야 분리되지 않고
골고루 섞인다. 반죽을 섞을
때도 무거운 반죽에 가벼운
반죽을 섞는 것이 좋다.

시럽 보관하기
케이크용 기본 시럽은 넉넉히
만들어 냉장 보관하며
사용하면 편리하다. 냄비에
설탕과 물의 양을 1:1로 넣고
중간 불에서 바글바글 끓인다.
완전히 식힌 후 밀폐용기에
넣고 냉장(3달간) 보관한다.

스펀지케이크 식히기
스펀지케이크는 구운 후
윗면이 아래로 가도록
뒤집어 식혀야 케이크가
꺼지는 현상을 막을 수 있다.
열기가 식으면 위생팩에 넣어
케이크가 마르지 않도록 한다.

스펀지케이크 보관하기
스펀지케이크는 미리 구워
냉동 보관하고 필요할 때마다
실온에서 자연 해동하여
사용하면 좋다. 완전히 식힌
스펀지케이크를 위생팩에
넣어 밀봉한 후 냉동(1달간)
보관한다.

아이싱하기

① 케이크 윗면에
크림 두 주걱을 올리고
스패튤라로 펴 바른다.
4시 방향에 스패튤라를
고정하고 크림을 살짝
누른다는 느낌으로
돌림판을 돌려가며
매끄럽게 펴 바른다.

② 스패튤라를 사진처럼
수직으로 세우고 45°로
벌린 후 돌림판을 돌려가며
옆면에 크림을 바른다.

③ 윗면 가장자리는
스패튤라를 밖에서 안으로
스치듯 움직여 크림을
매끈하게 펴 바른다.

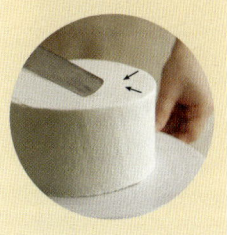

특별한
선물 포장

달콤한 디저트를 만들었다면 정성스러운 손길을 더해
예쁘게 포장하세요. 유산지, 상자, 비닐 등
구하기 쉬운 포장 재료에 약간의 센스와 아이디어만 더해도
멋스러운 선물이 완성되지요. 정성이 묻어나는 선물은
받는 사람의 마음을 달콤하게 보듬어줄 거예요.

포장 재료 구입처

온라인 포장119 package119.com / 카카오팩 cacaopack.co.kr /
인디고샵 indigo.co.kr / 대도지물 daedoi.com
오프라인 방산시장 서흥E&Pack 서울시 중구 을지로 35길 35 / **청명&청솔** 서울시 중구 주교동 318 두성빌딩 지하 /
이케아 광명점 / 고속터미널 경부선 3층 꽃시장 뒤편 / 대형 서점 문구코너

쿠키,
티 푸드
포장하기

색종이를 이용해 동물, 캐릭터 등으로
다양하게 장식하세요.

뚜껑에는 데코 페이퍼 또는 꽃, 리본 등 다양한 재료를
양면 테이프로 붙여 장식하세요.

쿠키 비닐 포장법

쿠키 비닐 小(또는 종이 봉투)
색종이, 양면 테이프
트레팔지

아이의 친구, 회사 동료 등
여러 명에게 1~2개씩 나눠줄 때 좋은 포장법이에요.
사진과 같이 색종이를 동물 모양으로 오려 양면 테이프로
쿠키 비닐 위에 붙여요. 종이 봉투를 사용해도 좋아요.

플라스틱통 포장법

플라스틱통(또는 유리병)
데코 페이퍼, 양면 테이프
스티커

머랭 쿠키처럼 습기에 약한 디저트는 밀폐용기에
포장하는 것이 좋아요. 방습제를 함께 넣어주면
오랜 기간 바삭하게 보관할 수 있어요.
★ 방습제 구입처 : 온라인 몰 또는 베이킹 매장.

쿠키, 마카롱, 캐러멜, 머랭 쿠키 등 한입 크기의 작은 디저트를 위한 포장법이에요.
유산지, 스티커, 택, 색종이 등으로 포장에 생기를 불어넣어 주세요.

쿠키는 하나 하나 비닐로
포장해 트레이에 넣거나,
트레이 전체를 비닐로
감싸 포장하면
오래 보관할 수 있어요.

비닐 대신 패브릭 또는 얇은 한지
등으로 포장해도 멋스러워요.

베이킹 트레이 포장법

베이킹 트레이
유산지
쿠키 비닐 小

마카롱처럼 부서지기 쉬운 쿠키는 트레이에 담아 포장하세요.
쿠키 사이사이에 유산지를 접어 지그재그로 넣어주면
서로 부딪히는 것을 방지할 수 있어요.

머핀컵 포장법

일회용 머핀컵(또는 종이컵)
쿠키 비닐 中
장식 끈(또는 리본)
포장 택

다양한 크기와 모양의 일회용 용기를 활용할 수 있는
포장법이에요. 비닐 포장한 후 장식 끈으로 묶어 밀봉해주세요.

파운드케이크,
구움 과자
포장하기

포장 택에 제품의 이름과 보관기간을 적어 선물하세요.

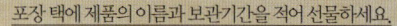

비닐이 없을 때는 랩으로 감싼 후
포장해도 좋아요.

비닐 포장법

쿠키 비닐 中
굵은 마소재 리본, 포장지
컬러 종이 테이프

파운드케이크, 구움 과자 등은
수분이 날아가지 않도록 쿠키 비닐로
단단히 밀봉 포장하면 촉촉한 식감이 오래 유지돼요.
파운드케이크의 크기에 따라 쿠키 비닐의 크기를 선택하세요.

유리병 포장법

유리병(또는 플라스틱통)
장식 끈(또는 리본)
포장 택

크리스피 라이스, 빼빼로 등 얇고 긴 디저트를 포장할 때
유용한 포장법이에요. 유리병은 입구가 넓은 것을 사용해야
포장할 때 부서지지 않고 꺼내 먹기에도 불편하지 않아요.

파운드케이크, 마들렌 등 버터 함유량이 높은 중간 크기의 디저트를 위한 포장법이에요.
코팅된 종이 봉투, 비닐 등을 사용해야 포장에 기름이 새어나오는 것을 방지하고 디저트를 촉촉하게 보관할 수 있어요.

디저트를 포장할 때는 따뜻한 느낌을 주는
색상을 선택하면 좋아요.

쿠키 비닐로 포장한 후 종이 봉투에 넣으면
오랜 기간 촉촉하게 보관할 수 있어요.

상자 포장법

쿠키 상자
포장지, 리본(또는 장식 끈)
생화, 허브

디저트를 낱개 포장한 후 상자에 넣어
한 번 더 포장했어요. 선물 받는 대상에 따라
계절감이 살아있는 자연 모티브를 활용하세요.
어버이날, 스승의 날에는 카네이션을 꽂아도 좋아요.

종이 봉투 포장법

코팅된 종이 봉투
냅킨(또는 유산지)
미니 집게, 스티커

여러 종류의 구움 과자를 묶음 포장할 때 좋은 포장법이에요.
내부가 코팅된 종이 봉투를 사용하고, 일반 봉투를 사용할
경우에는 디저트를 비닐 포장한 후 넣어주세요.

케이크,
타르트
포장하기

케이크를 안전하게 보관하려면
크기에 딱 맞는 상자를 이용하세요.

어른들께 선물할 때 좋은 포장법이에요.
유산지, 패브릭으로 포장해도 좋아요.

케이크 상자 포장법

1호 케이크 상자
(또는 조각 케이크 상자)
리본

상자와 리본 색상에 따라 전체적인
분위기가 달라질 수 있어요.
케이크 칼과 초를 작은 봉투에 담아 포장해도 좋아요.
원하는 컬러의 케이크 상자와 리본을 선택해서 포장하세요.

보자기 포장법

보자기
나뭇가지, 열매 장식

원형 또는 사각 케이크 보관함을
보자기로 감싸 포장하세요.
보자기 가운데에 상자를 올려 묶고,
매듭은 자연스럽게 늘어뜨리거나 감싸는 게 좋아요.
나뭇가지, 꽃 등을 꽂아 포인트를 주세요.

케이크, 타르트 등 크기가 큰 디저트, 크림 또는 과일 장식이 있어 이동 시 안전하게 보관되어야 하는
디저트에 좋은 포장법이에요. 시중에 판매되는 케이크 전용 포장 상자를 사용하는 것이 좋아요.

모임에 가지고 가서 나눠먹기 좋은 포장법이에요.

엔젤 푸드, 설기 등 크림 장식이 없는
케이크를 포장하는데 좋아요.

삼각 케이크 상자 포장법

삼각 케이크(타르트) 상자
장식 끈(또는 리본)
일회용 포크

높이가 낮은 케이크, 타르트를 조각으로 포장할 때
좋은 포장법이에요. 일회용 포크로 실용성도 더하고
장식 효과도 냈어요.

비닐 포장법

케이크 받침(또는 일회용 접시)
케이크 비닐 大
리본
엽서

크림으로 장식하지 않은 케이크는 속이 보이는
비닐 포장이 어울려요. 비닐 끝에 리본을 넣어
돌돌 감싸올려 묶으면 손잡이를 만들 수 있어
이동할 때 편리해요.

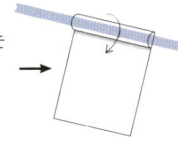

머핀,
컵케이크
포장하기

열쇠, 연필, 네잎 클로버 등 의미가 담긴
장식 재료를 활용해 포장하세요.

클립으로 고정한 후 자석 장식을 붙여도 좋아요.

머핀 상자 포장법

머핀 상자
장식 끈

기본적인 머핀 포장이에요. 바닥에 머핀을
고정할 수 있는 지지대가 있어 이동 시 안전해요.
크림이 높게 장식 된 머핀, 컵케이크 포장에 더 좋아요.

비닐 포장법

쿠키 비닐 中
트레팔지, 포장지
미니 집게, 클립
건조 과일, 자석 장식

머핀은 비닐로 단단히 밀봉 포장하면
촉촉한 식감이 오래 유지돼요. 말린 과일,
자석 장식 등으로 다양하게 포장하세요.

장식용 픽을 꽂아
포장에 생기를 주세요.

머핀, 컵케이크를 위한 포장법이에요. 크림 또는 토핑 장식이 망가지지 않도록 안전하게 포장하는 것이 중요해요.
모양과 색상이 예쁜 컵케이크는 투명한 포장 재료를 사용하면 그 자체로도 근사한 장식이 된답니다.

머핀 사이사이에 유산지를 넣어 구분해주면
서로 부딪히는 것을 방지할 수 있어요.

일회용 포크로 실용성을 더하고 장식 요소로 활용했어요.

선물 상자 포장법

선물 상자
리본

기존에 가지고 있는 상자를 활용할 수 있는 포장법이에요.
상자 포장 후 뚜껑은 리본으로 묶어 단단히 고정해주세요.
머핀의 윗부분이 상자 뚜껑에 닿지 않는 것을 사용하세요.

플라스틱통 포장법

플라스틱통
장식 끈(또는 리본)
일회용 포크, 스티커

모임에 가지고 가서 바로 나눠먹기
좋은 포장법이에요. 모양이 예쁜
컵케이크는 투명한 통에 담으면
그 자체로도 멋진 포장이 돼요.

밀폐용기 뚜껑에
컵케이크를 올리고
용기를 덮어 닫으세요.

푸딩, 만주,
양갱, 젤리
포장하기

바로 먹을 수 있도록
일회용 스푼을 같이 포장해 주면 좋아요.

일회용 비옷을 잘라 포장해도 좋아요.

유리병 포장법

유리병
패브릭
얇은 장식 끈(또는 리본)

유리병에 직접 담아 만든 티라미수,
푸딩 등은 뚜껑을 닫아 밀봉한 후 윗면에
패브릭을 올리고 장식 끈으로 묶으면 멋진 포장이 돼요.
유리병 둘레에 맞는 얇은 장식 끈을 사용하는 것이 좋아요.

일회용 푸딩컵 포장법

일회용 푸딩컵
방수 원단
장식 끈

일회용 푸딩컵에 만든 젤리는 뚜껑을 닫아 밀봉한 후
방수 원단, 장식 끈으로 포장하세요.

티라미수, 젤리, 푸딩 등 전용 용기에 담아 만든 디저트, 양갱, 만주, 초콜릿 등의 디저트를 포장할 때 좋은 포장법이에요.
젤리, 푸딩 등은 집에 있는 예쁜 컵, 유리병을 활용해 만들면 그 자체로도 멋진 포장이 된답니다.

리본은 동그랗게 감아 올려 스티커로
고정해도 멋스러워요.

쿠키를 담아도 좋은 포장법이에요.

초콜릿 상자 포장법

초콜릿 상자
두 가지 색상의 포장지
리본, 스티커

납작한 상자에 초콜릿, 양갱 등의
디저트를 담아 한 번 더 포장했어요.
포장지를 감싼 후 다른 포장지를 감싸 두 가지 색상으로
포장하면 독특한 장식 효과를 줄 수 있어요.

비닐 포장법

쿠키 비닐 中
머핀 유산지
장식 끈(또는 리본)
스티커

만주, 펑리수 등을 포장할 때 좋은 포장법이에요.
머핀 유산지에 담아 포장하면 먹을 때 하나씩 들고 먹기 편해요.

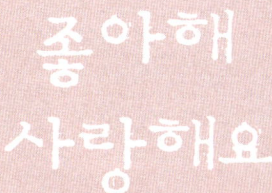

좋아해
사랑해요

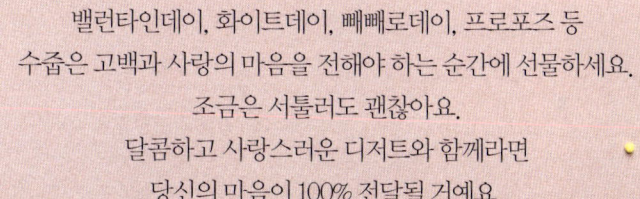

밸런타인데이, 화이트데이, 빼빼로데이, 프로포즈 등
수줍은 고백과 사랑의 마음을 전해야 하는 순간에 선물하세요.
조금은 서툴러도 괜찮아요.
달콤하고 사랑스러운 디저트와 함께라면
당신의 마음이 100% 전달될 거예요.

Strawberry cake

눈꽃 생크림 딸기케이크

설탕 대신 연유를 넣고 만든 달콤한 생크림과 새콤한 딸기가 들어간 눈꽃처럼 부드러운 케이크랍니다.

포장법
24p

🕐 1시간

🍯 지름 15cm 원형틀(1호) 1개분

🍰 3일간 냉장 보관

재료
- 실온에 둔 달걀 100g
- 설탕 55g
- 박력분 55g
- 베이킹파우더 1/3작은술
- 녹인 버터 20g
- 바닐라 익스트랙 5~6방울
- 딸기 12~15개
- 슈가파우더 약간(생략 가능)

시럽
- 물 100g
- 설탕 100g

연유크림
- 생크림 400g
- 연유 40g

♥ **시럽 만들기**

1 냄비에 시럽용 물과 설탕을 넣어 중간 불에서 바글바글 끓인 후 완전히 식힌다.

♥ **만들기**

2 오븐을 175℃로 예열한다. 원형틀에 유산지를 깐다.

3 볼에 달걀을 넣고 설탕을 2~3번에 나누어 넣으며 핸드믹서의 높은 단에서
달걀 거품을 떨어뜨렸을 때 자국이 3초 이상 유지될 때까지 휘핑한다.

4 체 친 박력분, 베이킹파우더를 넣고 주걱으로 아래에서 위로 뒤집듯이 재빨리 섞는다.

5 녹인 버터와 바닐라 익스트랙을 섞은 후 볼 옆면을 타고 흐르듯이 넣으며
주걱으로 아래에서 위로 뒤집듯이 섞는다.

6 ②의 틀에 반죽을 채운다. 175℃로 예열된 오븐의 가운데 칸에서 25분간 굽는다.
틀에서 꺼낸 후 뒤집어 식힘망에 올려 완전히 식힌다.

♥ **연유크림 장식하기**

7 딸기는 장식용 6~7개를 남기고 나머지는 0.5~1cm 두께로 슬라이스 한다.
스펀지케이크는 빵칼로 3등분한다.

8 볼에 연유크림 재료를 넣고 핸드믹서의 높은 단에서 거품기로 들어 올렸을 때
뾰족한 삼각뿔 모양이 될 때까지 단단하게 휘핑한다.

9 스펀지케이크 1장을 돌림판 위에 올리고 시럽을 바른다. 크림을 올리고
스패튤라로 골고루 펴 바른다. 딸기를 올리고 다시 크림을 펴 바른다.

10 ⑨번 과정을 한 번 더 반복한다.

11 나머지 스펀지케이크를 올리고 시럽을 바른다. 크림을 올리고 스패튤라로
크림을 살짝 누른다는 느낌으로 돌림판을 돌려가며 매끄럽게 펴 바른다.

12 스패튤라를 수직으로 세우고 45°로 벌린 후 돌림판을 돌려가며 옆면에 크림을 바른다.
윗면 가장자리는 스패튤라를 밖에서 안으로 스치듯 움직여 매끈하게 정리한다.

13 원형 깍지를 끼운 짤주머니에 나머지 크림을 넣고 윗면에 동그랗게 짠다.
장식용 딸기를 올리고 슈가파우더를 뿌린다.

↓ 너무 많이 섞거나 시간이 지체되면
거품이 꺼질 수 있으니 재빨리 섞어요.

↑ 볼 바닥에 녹인 버터가
남지 않도록 골고루 섞어요.

새콤한 딸기케이크 만들기

연유크림의 연유 대신 동량의 떠먹는 플레인 요구르트를 넣고 동일한 방법으로
만들어보세요. 달콤한 케이크를 좋아하지 않는 분들에게 선물하기 좋아요.

↓ 돌림판이 없다면 평편한 그릇에
올리고 발라요.

↑ 크림을 살짝 누른다는 느낌으로 펴 바르세요.

좋아해! 사랑해요

Red velvet cupcake

레시피
38쪽

Choco marshmallow cupcake

레시피
40쪽

레드벨벳 컵케이크

붉은 색상만큼 진한 달콤함과 크림치즈 필링의 부드러움이 어우러진 섹시한 디저트랍니다.

🕐 50분

🍪 지름 5.5cm 머핀틀 6개분

🫙 3일간 냉장 보관

재료

• 실온에 둔 버터 150g
• 설탕 120g
• 소금 1/3작은술
• 실온에 둔 달걀 1개
• 사워크림(또는 떠먹는 플레인
  요구르트) 2큰술
• 식용 레드 색소 1작은술
• 박력분 150g
• 코코아가루 1/2큰술
• 베이킹파우더 1작은술

크림치즈 장식

• 실온에 둔 크림치즈 120g
• 실온에 둔 버터 60g
• 슈가파우더 60g

♥ 만들기

1 오븐을 180℃로 예열한다. 머핀틀에 유산지를 깐다. 볼에 버터를 넣어
핸드믹서의 낮은 단에서 부드러운 크림 상태가 될 때까지 푼다.
★ 마요네즈처럼 부드러운 상태로 풀어요.

2 설탕, 소금을 2~3번에 나누어 넣으며 설탕 입자가 보이지 않을 때까지 섞는다.

3 달걀을 넣어 골고루 섞은 후 사워크림을 넣고 반죽이 매끄러워질 때까지 섞는다.

4 레드 색소를 넣고 주걱으로 색이 얼룩지지 않을 때까지 골고루 섞는다.

5 체 친 박력분, 코코아가루, 베이킹파우더를 넣고 가루 재료가 완전히 섞여
보이지 않을 때까지 주걱으로 자르듯이 섞는다.

6 짤주머니에 반죽을 넣고 끝의 5cm 지점을 가위로 자른다.
①의 틀에 70% 정도까지 반죽을 채운다.

7 180℃로 예열된 오븐의 가운데 칸에서 25분간 굽는다.
틀에서 꺼내 식힘망에 올려 식힌다.

♥ 크림치즈 장식하기

8 볼에 크림치즈와 버터를 넣고 슈가파우더를 1~2번에 나누어 넣으며
주걱으로 부드러운 크림 상태가 될 때까지 섞는다.
★ 크림이 너무 부드러우면 잠시 냉장실에 넣어두세요.

9 원형 깍지를 끼운 짤주머니에 ⑧을 넣는다. 컵케이크에 짤주머니를 수직으로 세우고
크림을 동그랗게 짠 후 힘을 빼며 가볍게 들어올린다.

장식을 색다르게

구운 레드벨벳 컵케이크를 체에 내려 보슬보슬하게 만든 후 크림위에 장식으로 뿌려보세요.
초코 마시멜로 컵케이크의 버터크림 장식(40쪽 참고)으로 만들어도 좋아요.

↓ 너무 많이 섞으면 식감이
질겨지니 주의하세요.

포장법
26, 27p

↑ 꼬지로 반죽을 찔렀을 때 반죽이
묻어나지 않으면 다 익은 거예요.

초코 마시멜로 컵케이크

초콜릿 풍미의 케이크 위에 쫀득한 마시멜로를 올려 눈으로도 입으로도 달콤하게 즐길 수 있어요.

⏱ 50분

🕐 지름 5.5cm 머핀틀 6개분

🍯 3일간 냉장 보관

재료
- 실온에 둔 버터 125g
- 설탕 100g
- 소금 1/4작은술
- 실온에 둔 달걀 1과 1/2개분
- 우유 75g
- 박력분 125g
- 코코아가루 10g
- 베이킹파우더 1작은술
- 마시멜로 90g

버터크림 장식
- 실온에 둔 버터 25g
- 슈가파우더 50g
- 우유 1작은술
- 바닐라 익스트랙 1방울(생략 가능)

♥ 만들기

1 오븐을 180℃로 예열한다. 머핀틀에 유산지를 깐다. 볼에 버터를 넣어 핸드믹서의 낮은 단에서 부드러운 크림 상태가 될 때까지 푼다.
★ 마요네즈처럼 부드러운 상태로 풀어요.

2 설탕, 소금을 2~3번에 나누어 넣으며 설탕 입자가 보이지 않을 때까지 섞는다.

3 달걀을 넣어 골고루 섞은 후 우유를 넣고 반죽이 매끄러워질 때까지 섞는다.

4 체 친 박력분, 코코아가루, 베이킹파우더를 넣고 가루 재료가 완전히 섞여 보이지 않을 때까지 주걱으로 자르듯이 섞는다.
★ 이때, 너무 많이 섞으면 식감이 질겨지니 주의하세요.

5 짤주머니에 반죽을 넣고 끝의 5cm 지점을 가위로 자른다.
①의 틀에 70% 정도까지 반죽을 채운다.

6 180℃로 예열된 오븐의 가운데 칸에서 25분간 굽는다.
틀에서 꺼내 식힘망에 올려 식힌다.

♥ 버터크림 장식하기

7 볼에 버터를 넣어 핸드믹서의 낮은 단에서 부드러운 크림 상태가 될 때까지 푼 후 슈가파우더를 2~3번에 나누어 넣으며 2배의 볼륨이 될 때까지 휘핑한다.

8 우유를 조금씩 넣어가며 부드러운 크림 상태로 농도를 조절한 후 바닐라 익스트랙을 넣고 섞는다.

9 컵케이크 위에 숟가락으로 버터크림을 얇게 바른 후 마시멜로를 올려 장식한다.

장식을 다양하게

레드벨벳 컵케이크의 크림치즈 장식(38쪽 참고)으로 만들어도 좋아요.

↓ 꼬지로 반죽을 찔렀을 때 반죽이
묻어나지 않으면 다 익은 거예요.

↑ 크림이 너무 부드러우면 잠시 냉장실에 넣어두세요.

포장법
26, 27p

Chocolate sticks

초콜릿스틱

11월 11일, 빼빼로데이에 당신의 연인에게 세상에 단 하나뿐인 달콤함을 선물하세요.

포장법 22, 23p

⏱ 50분(+ 휴지시키기 30분)

🌙 20개분(두께 1cm, 길이 10cm)

🫙 7일간 실온 보관

재료
- 실온에 둔 버터 70g
- 슈가파우더 60g
- 소금 1/2작은술
- 바닐라 익스트랙 2방울(생략 가능)
- 실온에 둔 달걀 1개
- 생크림 1큰술
- 박력분 200g

초콜릿 장식
- 코팅용 다크초콜릿
  (또는 다크 커버춰 초콜릿) 200g
- 다진 견과류(또는 시판 쿠키 크런치,
  아몬드 슬라이스) 40g

★ 시판 쿠키 크런치
쿠키, 머핀 등의 장식에 사용되며
바삭한 식감과 달콤한 맛이 난다.
온라인 베이킹 몰 또는
베이킹 매장에서 구입할 수 있다.

♥ 만들기

1 볼에 버터를 넣어 핸드믹서의 낮은 단에서 부드러운 크림 상태가 될 때까지 푼다.

2 ①에 슈가파우더, 소금, 바닐라 익스트랙을 넣고 슈가파우더가
완전히 섞일 때까지 핸드믹서로 섞는다.

3 달걀을 넣어 골고루 섞은 후 생크림을 넣고 반죽이 매끄러워질 때까지 섞는다.

4 체 친 박력분을 넣고 완전히 섞여 보이지 않을 때까지 주걱으로 자르듯이 섞는다.

5 반죽을 위생팩에 넣어 납작하게 누른 후 냉장실에서 30분간 휴지시킨다.

6 오븐을 170℃로 예열한다. 도마에 박력분(약간)을 뿌리고 반죽을 올린 후
1cm 두께, 10cm 길이가 되도록 밀어 편다.

7 1cm 폭의 길쭉한 모양으로 썬다. 유산지를 깐 오븐 팬에 일정한 간격으로 올린다.

8 170℃로 예열된 오븐의 가운데 칸에서 22~25분간 구운 후
식힘망에 올려 완전히 식힌다.

♥ 초콜릿 장식하기

9 뜨거운 물을 넣은 볼에 코팅용 다크초콜릿을 넣은 볼을 올린다.
주걱으로 저어가며 중탕으로 골고루 녹인다.

10 숟가락으로 초콜릿스틱의 2/3지점까지 초콜릿을 씌운다.

11 유산지에 올리고 다진 견과류를 뿌려 장식한 후 초콜릿이 굳을 때까지 그대로 둔다.

↓ 마요네즈처럼 부드러운 상태로 풀어요.

1	2	3
4	5	6

↑ 반죽이 달라 붙으면 중간중간
박력분을 뿌려요.

장식을 다양하게

다진 견과류 대신 동량의 스프링클 또는 코코넛슬라이스를 뿌려도 좋아요.

↓ 굽는 중간 팬을 한 번 돌려주면
   골고루 구워져요.

↑ 초콜릿에 물이 들어가지 않도록
   주의하세요.

↑ 다진 견과류는 초콜릿이 굳기 전에 재빨리 뿌리세요.

pavé chocolate

생생 초콜릿

밸런타인데이에 입안에 넣자마자 사르르 녹아 없어지는 특별한 수제 초콜릿을 만들어보세요.

🕐 20분(+ 굳히기 1시간)

🌙 12×12cm 사각틀 1개분

🧊 7일간 냉장 보관

재료
- 생크림 100g
- 다크 커버춰 초콜릿 다진 것 200g
- 버터 50g
- 코코아가루
  (또는 녹차가루, 슈가파우더) 30g

❤ **만들기**

1 사각틀 안쪽에 물을 뿌리고 랩을 깐다.

2 냄비에 생크림을 넣어 중약 불에서 가장자리가 살짝 끓어오를 때까지 끓인다.

3 불을 끄고 다크 커버춰 초콜릿, 버터를 넣은 후 주걱으로 가운데부터 저어가며 녹인다.

4 ①의 틀에 ③을 채우고 냉동실에서 1시간 동안 굳힌다.

5 틀에서 꺼낸 후 랩을 제거하고 한입 크기로 썬다. 윗면에 코코아가루를 뿌린다.

↓ 가장자리가 살짝 끓어오를 때까지 끓여요.

풍미를 더하기

과정 ③에서 럼주 또는
오렌지 술 1작은술을 넣으면
풍미가 더 좋아져요.

Soft caramel

사르르 소프트 캐러멜

입안에서 사르르 녹아내리는 부드러운 식감의 캐러멜이에요. 마음까지 말랑해지는 달콤한 디저트를 선물하세요.

포장법 21, 29p

🕐 15분(+ 굳히기 1시간)

🍪 12×12cm 사각틀 1개분

🫙 10일간 냉장 보관

재료
- 생크림 200g
- 설탕 200g
- 물엿 80g
- 버터 30g
- 바닐라 익스트랙 1작은술

♥ **만들기**

1. 사각틀에 유산지를 깐다.

2. 내열용기에 생크림을 넣어 전자레인지(700W)에서 40초간 따뜻하게 데운다.

3. 냄비에 설탕, 물엿을 넣고 약한 불에서 젓지 않고 냄비를 기울여가며
   설탕을 녹인 후 갈색이 될 때까지 끓인다.

4. 생크림을 넣고 주걱으로 섞으며 진한 갈색의 걸쭉한 농도가 될 때까지
   끓인 후 불을 끈다.

5. 버터, 바닐라 익스트랙을 넣어 버터가 녹을 때까지 섞는다.

6. ①의 틀에 ⑤를 채우고 윗면을 평평하게 만든 후 냉동실에서 1시간 정도 굳힌다.
   틀에서 꺼낸 후 먹기 좋은 크기로 썬다.

↓ 차가운 생크림을 넣으면 온도차로 인해
급격하게 끓어오르니 주의하세요.

초콜릿 캐러멜 만들기

설탕을 150g으로 줄이고
다진 다크 커버춰 초콜릿 50g을
과정 ⑤에 함께 넣은 후
동일한 방법으로 만들어요.

Raspberry panna cotta

라즈베리 판나코타

상큼한 라즈베리와 생크림을 부드럽게 굳혀 맛과 식감이 일품이에요. 가정에서 디저트로 즐기기에도 좋아요.

포장법
28p

- ⏱ 30분(+ 굳히기 3시간)
- 🍪 100ml 푸딩컵 3개분
- 🫙 3일간 냉장 보관

재료
- 판 젤라틴 3장
- 라즈베리 80g
- 생크림 300g
- 설탕 30g
- 라즈베리 잼 6큰술

♥ 만들기

1 찬물에 판 젤라틴을 넣어 20분간 불린다.

2 푸드프로세서에 라즈베리를 넣어 곱게 간다.

3 냄비에 생크림, 설탕을 넣고 약한 불에서 가장자리가 살짝 끓어오를 때까지 끓인다.

4 ②와 물기를 꼭 짠 젤라틴을 넣고 거품기로 젤라틴이 완전히 녹을 때까지 섞는다.

5 3개의 푸딩컵에 나눠 담고 냉장실에서 3시간 이상 굳힌다.

6 윗면에 라즈베리잼을 2큰술씩 올린다.

라즈베리 대체하기

라즈베리 대신 동량의 블루베리,
스트로베리, 블랙베리를
사용해도 좋아요.

냉동 라즈베리 사용하기

동량의 냉동 라즈베리를 실온에서
말랑해질 정도로 해동한 후
동일한 방법으로 만들어요.

Tea madeleine

향긋한 홍차마들렌

은은한 홍차 향의 마들렌을 초콜릿으로 코팅하여 달콤하게 만들었어요. 빼빼로데이에 어른들께 선물해보세요.

포장법
23p

⏱ 35분(+ 휴지시키기 30분)

◔ 마들렌틀 12개분

🍯 5일간 실온 보관

재료

- 실온에 둔 달걀 1개
- 설탕 50g
- 소금 1/4작은술
- 꿀 10g
- 박력분 50g
- 베이킹파우더 1/3작은술
- 홍차가루 1/4작은술
  (또는 녹차가루, 코코아가루, 5g)
- 녹인 버터 50g + 5g

초콜릿 장식

- 코팅용 다크초콜릿
  (또는 코팅용 화이트초콜릿) 40g

♥ 만들기

1 볼에 달걀을 넣어 거품기로 멍울을 가볍게 푼다.

2 설탕, 소금, 꿀을 넣고 설탕이 녹을 때까지 섞는다.

3 체 친 박력분, 베이킹파우더, 홍차가루를 넣어 가루 재료가 완전히 섞여
보이지 않을 때까지 섞는다.

4 녹인 버터(50g)를 넣고 골고루 섞은 후 랩을 씌워 냉장실에서 30분간 휴지시킨다.

5 오븐을 180℃로 예열한다. 마들렌틀에 녹인 버터(5g)를 꼼꼼히 바른 후
박력분(약간)을 골고루 뿌리고 한 번 털어준다.

6 짤주머니에 반죽을 넣고 끝의 2.5cm 지점을 가위로 자른다.
마들렌틀의 80% 정도까지 반죽을 채운다.

7 180℃로 예열된 오븐의 가운데 칸에서 13~15분간 구운 후
틀에서 꺼내 식힘망에 올려 식힌다.
★ 마들렌틀을 바닥에 가볍게 2~3회 친 뒤 틀에서 꺼내면 잘 떨어져요.

♥ 초콜릿 장식하기

8 뜨거운 물을 넣은 볼에 코팅용 다크초콜릿을 넣은 볼을 올린다.
주걱으로 저어가며 중탕으로 골고루 녹인다.
★ 초콜릿에 물이 들어가지 않도록 주의하세요.

9 초콜릿에 마들렌을 1/3지점까지 담가 초콜릿을 씌운다.
유산지에 올린 후 초콜릿이 굳을 때까지 그대로 둔다.

↓ 볼 바닥에 녹인 버터가 남지
  않도록 골고루 섞어요.

↑ 틈새까지 골고루 뿌려야
  마들렌이 잘 떨어져요.

녹차 맛, 홍차 맛으로 장식하기

코팅용 화이트초콜릿 40g에 홍차가루(또는 녹차가루) 1/4작은술을 넣고
중탕으로 녹인 후 과정 ⑨와 동일하게 장식한다.

Strawberry tiramisu

레시피
56쪽

딸기 듬뿍 티라미수

마스카르포네 치즈를 듬뿍 넣은 고소한 크림과 새콤한 딸기가 참 잘 어울려요. 예쁜 병에 만들어 선물해보세요.

🕐 25분
🍪 450ml 유리병 2개분
🍮 3일간 냉장 보관

재료
- 딸기 15개
- 시판 카스텔라 1개
- 실온에 둔 마스카르포네 치즈 200g
- 생크림 200g
- 설탕 40g
- 슈가파우더 약간

시럽
- 물 50g
- 설탕 50g

❤ **시럽 만들기**

1 냄비에 시럽용 물과 설탕을 넣어 중간 불에서 바글바글 끓인 후 완전히 식힌다.

❤ **만들기**

2 딸기는 장식용 4개를 남기고 나머지는 사방 1cm 크기로 썬다.
카스텔라는 용기 크기에 맞춰 자른다.

3 볼에 마스카르포네 치즈를 넣어 거품기로 부드럽게 푼다.

4 다른 볼에 생크림을 넣고 설탕을 2~3번에 나누어 넣으며 핸드믹서의 중간 단에서
핸드믹서 자국이 살짝 남을 정도의 부드러운 상태로 휘핑한다.

5 ③에 ④를 넣고 주걱으로 골고루 섞는다.

6 유리병에 카스텔라를 넣고 시럽을 바른다.

7 크림 1/6분량을 채우고 다진 딸기 1/4분량을 올린다. 이 과정을 한 번 더 반복한다.

8 윗면에 크림 1/6분량을 올리고 스패튤라로 평평하게 만든다.
슈가파우더를 뿌리고 장식용 딸기를 올린다. 같은 방법으로 1개 더 만든다.

↓ 카스텔라 위에 용기를 뒤집어 올린 후
눌러 자르면 편해요.

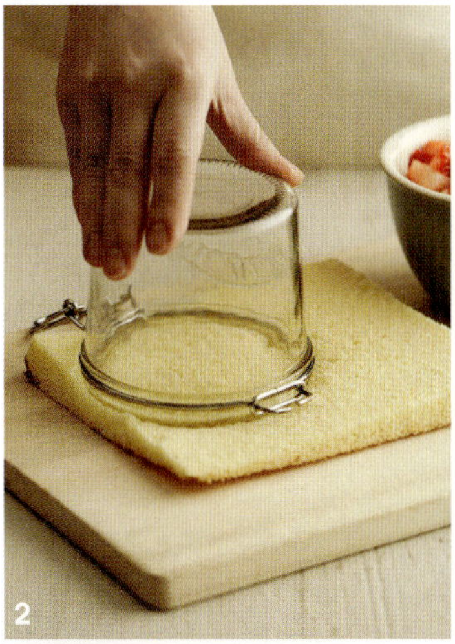
2

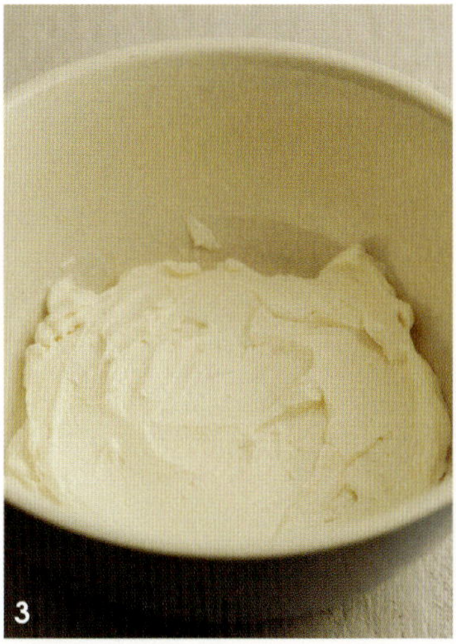
3

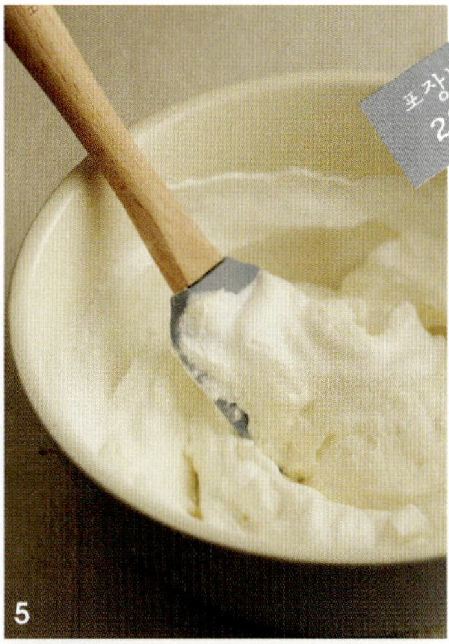
5

포장법 28p

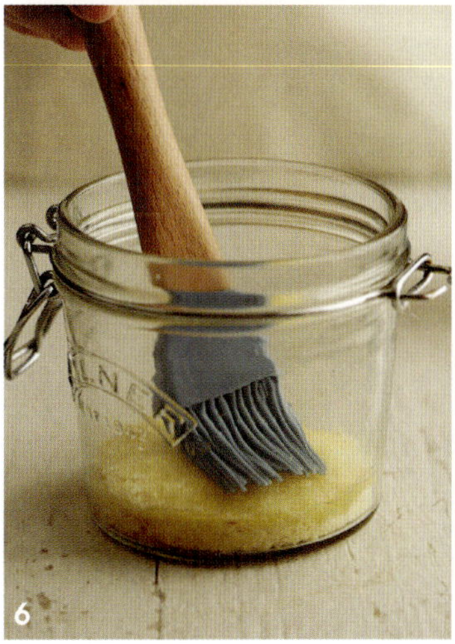
6

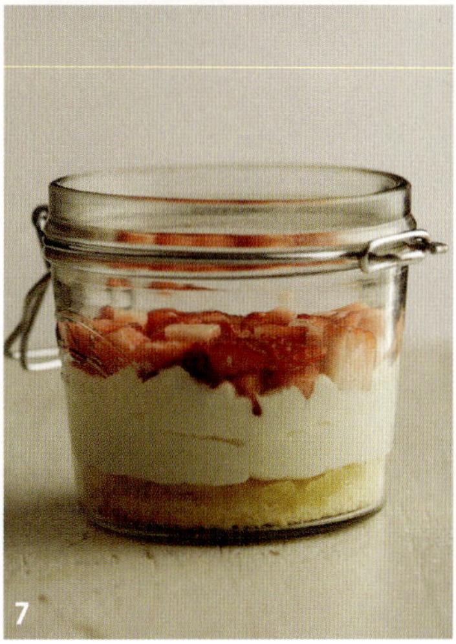
7

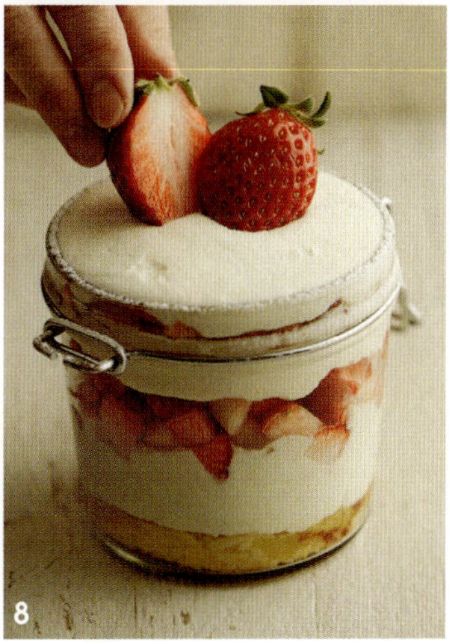
8

제철 과일로 티라미수 만들기

딸기 대신 동량의 블루베리, 키위, 망고 등 상큼한 맛의 제철 과일을 넣어 만들어도 좋아요.

Cookie cream cake

레시피
60쪽

Chocolate monkey cake

레시피
62쪽

쿠키크림 케이크

초콜릿 쿠키를 넣은 특별한 크림으로 만든 케이크예요. 귀여운 장식 덕분에 아이들이 특히 좋아해요.

🕐 1시간
🍽 지름 15cm 원형틀(1호) 1개분
🫙 3일간 냉장 보관

재료
• 실온에 둔 버터 50g
• 박력분 90g
• 베이킹파우더 1작은술
• 코코아가루 1큰술
• 설탕 100g
• 물 60g
• 물엿 35g
• 달걀 1개
• 장식용 오레오 5~7개

시럽
• 물 100g
• 설탕 100g

쿠키크림
• 오레오 10개
• 생크림 250g
• 설탕 20g

❤ **시럽 만들기**

1 냄비에 시럽용 물과 설탕을 넣어 중간 불에서 바글바글 끓인 후 완전히 식힌다.

❤ **만들기**

2 오븐을 170℃로 예열한다. 원형틀에 유산지를 깐다.

3 볼에 버터를 넣어 거품기로 부드러운 크림 상태가 될 때까지 푼다.

4 체 친 박력분, 베이킹파우더, 코코아가루를 넣고 반죽이 고슬고슬한 상태가 될 때까지 섞는다.

5 설탕을 넣고 골고루 섞는다.

6 물과 물엿을 섞은 후 1/2분량을 넣고 골고루 섞는다.

7 달걀을 넣어 반죽이 매끄러워질 때까지 섞은 후 나머지 물과 물엿을 넣고 섞는다.

8 ②의 틀에 반죽을 채우고 젓가락으로 반죽을 저어 큰 기포를 제거한다. 170℃로 예열된 오븐의 가운데 칸에서 30분간 굽는다.

9 틀에서 꺼낸 후 뒤집어 식힘망에 올려 완전히 식힌다.

❤ **쿠키크림 장식하기**

10 오레오는 반을 갈라 크림을 제거한 후 과자만 위생팩에 넣어 잘게 부순다. 초콜릿케이크는 빵칼로 3등분한다.

11 볼에 생크림과 설탕을 넣고 핸드믹서의 높은 단에서 거품기로 들어 올렸을 때 뾰족한 삼각뿔 모양이 될 때까지 휘핑한 후 ⑩을 넣어 주걱으로 가볍게 섞는다.

12 초콜릿케이크 1장을 돌림판 위에 올리고 시럽을 바른다. 원형 깍지를 끼운 짤주머니에 크림을 넣은 후 초콜릿케이크 위에 동그랗게 짠다.

13 ⑫번 과정을 한 번 더 반복한다.

14 나머지 초콜릿케이크를 올리고 시럽을 바른다. 윗면에 크림을 동그랗게 짠 후 오레오를 올려 장식한다.

↓ 설탕 입자가 보이지 않을 때까지 섞어요.

포장법
24p

4

5

7

8

11

12

↑ 크림을 촘촘하게 짜 주세요.

장식을 색다르게

오레오 위에 초코펜으로 눈을 그리거나 떼어낸 오레오 크림을 이용해
눈을 만들어 장식하면 좋아요.

61

초콜릿 몽키 케이크

진한 초콜릿과 달콤한 바나나의 환상적인 궁합! 선물 받는 사람의 마음까지 풍성하게 만들어주는 케이크예요.

🕐 1시간

🕐 지름 15cm 원형틀(1호) 1개분

🍰 3일간 냉장 보관

재료
- 실온에 둔 달걀 100g
- 설탕 55g
- 박력분 55g
- 베이킹파우더 1/2작은술
- 코코아가루 1/2큰술
- 녹인 버터 20g
- 바닐라 익스트랙 5~6방울
- 바나나 1개
- 초콜릿 막대 과자 약간(생략 가능)

시럽
- 물 100g
- 설탕 100g

초콜릿크림
- 우유 80g
- 다크 커버춰 초콜릿 다진 것 150g
- 생크림 300g

❤ **시럽 만들기**

1 냄비에 시럽용 물과 설탕을 넣어 중간 불에서 바글바글 끓인 후 완전히 식힌다.

❤ **만들기**

2 오븐을 175℃로 예열한다. 원형틀에 유산지를 깐다.

3 볼에 달걀을 넣고 설탕을 2~3번에 나누어 넣으며 핸드믹서의 높은 단에서 달걀 거품을 떨어뜨렸을 때 자국이 3초 이상 유지될 때까지 휘핑한다.

4 체 친 박력분, 베이킹파우더, 코코아가루를 넣고 주걱으로 아래에서 위로 뒤집듯이 재빨리 섞는다.

5 녹인 버터, 바닐라 익스트랙을 섞은 후 볼 옆면을 타고 흐르듯이 넣으며 주걱으로 아래에서 위로 뒤집듯이 섞는다.

6 ②의 틀에 반죽을 채운다. 175℃로 예열된 오븐의 가운데 칸에서 25분간 굽는다. 틀에서 꺼낸 후 뒤집어 식힘망에 올려 완전히 식힌다.

❤ **초콜릿크림 장식하기**

7 바나나는 0.5cm 두께로 슬라이스 한다. 초콜릿케이크는 빵칼로 3등분한다.

8 냄비에 우유를 넣어 중간 불에서 가장 자리가 살짝 끓어오를 때까지 끓인 후 불을 끈다. 다크 커버춰 초콜릿을 넣고 주걱으로 저어가며 녹인 후 체온 정도의 온도로 식힌다.

9 다른 볼에 생크림을 넣고 핸드믹서의 중간 단에서 부드러운 상태로 휘핑한다.

10 ⑨의 볼에 ⑧을 넣고 골고루 섞일 때까지 낮은 단에서 가볍게 섞는다.

11 초콜릿케이크 1장을 돌림판 위에 올리고 시럽을 바른다. 크림을 스패튤라로 골고루 펴 바른다. 바나나를 올리고 다시 크림을 펴 바른다. 이 과정을 한 번 더 반복한다.

12 나머지 초콜릿케이크를 올리고 시럽을 바른다. 크림을 올리고 스패튤라로 크림을 살짝 누른다는 느낌으로 돌림판을 돌려가며 매끄럽게 펴 바른다.

13 스패튤라를 수직으로 세우고 45°로 벌린 후 돌림판을 돌려가며 옆면에 크림을 바른다. 윗면은 스패튤라를 밖에서 안으로 스치듯 움직여 매끈하게 정리한다.

14 원형 깍지를 끼운 짤주머니에 나머지 크림을 넣고 윗면 가장자리에 동그랗게 짠다. 스패튤라로 가운데를 살짝 눌러 홈을 만든 후 초콜릿 막대 과자를 올려 장식한다.

↓ 너무 많이 섞거나 시간이 지체되면
거품이 꺼질 수 있으니 재빨리 섞어요.

포장법
24p

↑ 바나나는 가장자리에서 0.5~1cm
안쪽으로 올려요.

Cherry blossom
meringue cookies

벚꽃 머랭 쿠키

벚꽃을 닮은 사랑스러운 쿠키예요. 첫 맛은 바삭하고, 그 후에 부드럽게 녹아 없어지는 반전 매력이 있답니다.

포장법 20p

🕐 1시간 25분
🍪 약 70개분(지름 2.5cm)
🍯 5일간 실온 보관

재료
- 달걀흰자 50g
- 설탕 50g
- 전분가루 1/3작은술
- 레몬즙 1/3작은술
- 바닐라 익스트랙 4~5방울
- 식용 핑크 색소 1~2방울
  (기호에 따라 가감)

★ **머랭 쿠키 보관법**
머랭 쿠키는 밀폐용기에 담은 후
방습제를 함께 넣어 보관하면 오랜
기간 바삭한 식감을 유지할 수 있다.

❤ **만들기**

1 오븐을 100℃로 예열한다. 볼에 달걀흰자를 넣고 설탕을 조금씩 넣어가며
   핸드믹서의 낮은 단에서 거품기로 들어 올렸을 때 끝이 살짝 휘어지는
   삼각뿔 모양이 될 때까지 휘핑한다.

2 체 친 전분가루, 레몬즙, 바닐라 익스트랙을 넣어 중간 단에서
   거품기로 들어 올렸을 때 뾰족한 삼각뿔 모양이 될 때까지 단단하게 휘핑한다.

3 핑크 색소를 넣고 주걱으로 색이 얼룩지지 않을 때까지 골고루 섞는다.
   ★ 색소를 조금씩 넣어가며 기호에 따라 원하는 색상을 만들어도 좋아요.

4 별모양 깍지를 끼운 짤주머니에 ③을 넣고 유산지를 깐 오븐 팬에
   지름 2.5cm 크기로 짠다.

5 100℃로 예열된 오븐의 가운데 칸에서 60분간 구운 후 오븐을 끈다.
   오븐 문을 살짝 열고 10분간 식힌다.
   ★ 구운 머랭 쿠키는 뜨거울 때보다 식힌 후 떼어내는 것이 깨끗하게 떨어져요.

↓ 팬의 크기에 따라 나눠 구워요.

색상을 다양하게
과정 ③에서 반죽을 반으로 나누고
색소를 따로 따로 섞어 다른 색을
만든 후 동일한 방법으로 구워보세요.

Icing cookies

러브 러브 쿠키

하트 모양 쿠키에 핑크 아이싱으로 달콤함을 더했어요. 세상에 단 하나뿐인 특별한 메시지를 전해보세요.

포장법
20, 21p

⏱ 40분(+ 휴지시키기 30분)

🍪 약 27개분(지름 6.5cm)

🫙 7일간 실온 보관

재료
- 실온에 둔 버터 100g
- 설탕 100g
- 소금 1/8작은술
- 실온에 둔 달걀 1개
- 생크림 1큰술
- 박력분 200g
- 아몬드가루 50g

아이싱
- 달걀흰자 1개분
- 슈가파우더 200g
- 레몬즙 1작은술
- 식용 핑크 색소 1~2방울
 (기호에 따라 가감)

♥ 만들기

1 오븐을 160℃로 예열한다. 볼에 버터를 넣어 핸드믹서의 낮은 단에서 부드러운 크림 상태가 될 때까지 푼다.

2 설탕, 소금을 2~3번에 나누어 넣으며 설탕 입자가 보이지 않을 때까지 섞는다.

3 달걀을 넣어 골고루 섞은 후 생크림을 넣고 반죽이 매끄러워질 때까지 섞는다.

4 체 친 박력분, 아몬드가루를 넣고 가루 재료가 완전히 섞여 보이지 않을 때까지 주걱으로 자르듯이 섞는다.

5 반죽을 위생팩에 넣어 납작하게 누른 후 냉장실에서 30분간 휴지시킨다.

6 도마 위에 박력분(약간)을 뿌리고 반죽을 올려 0.8cm 두께가 되도록 밀어 편다.

7 쿠키커터에 박력분(약간)을 살짝 묻힌 뒤 반죽을 찍어낸다. 유산지를 깐 오븐 팬에 일정한 간격으로 올린다.

8 160℃로 예열된 오븐의 가운데 칸에서 20분간 구운 후 식힘망에 올려 완전히 식힌다.

♥ 아이싱 장식하기

9 볼에 달걀흰자를 넣어 핸드믹서의 낮은 단에서 멍울을 푼 후 슈가파우더를 넣고 골고루 섞는다.

10 레몬즙, 핑크 색소를 넣고 색이 얼룩지지 않을 때까지 주걱으로 골고루 섞는다.

11 짤주머니 또는 원뿔 모양으로 접은 삼각형 유산지에 숟가락으로 아이싱을 담는다.

12 완전히 식은 쿠키 위에 아이싱으로 원하는 모양을 그려 장식한다.

할로윈데이, 크리스마스 선물용 쿠키 만들기

할로윈데이에는 호박, 유령 쿠키커터를 크리스마스에는 트리, 진저맨 쿠키커터를 이용해 동일한 방법으로 쿠키를 만들어도 좋아요.

↓ 주걱으로 자르듯이 섞어야 쿠키가
질기고 딱딱해지는 것을 막을 수 있어요.

↑ 아이싱의 농도가 묽다면 슈가파우더를
더 넣어 농도를 조절해요.

lovely macaroon

레시피
70쪽

러블리 마카롱

쫀득한 식감, 달콤한 가나슈, 사랑스러운 색감의 3박자를 갖춘 마카롱은 사랑을 고백할 때 딱 어울리는 디저트예요.

🕐 50분(+ 말리기 1시간)

🍪 약 25~28개분(지름 4cm)

🍯 3일간 냉장 보관

재료
- 달걀흰자 100g
- 설탕 100g
- 아몬드가루 130g
- 슈가파우더 120g
- 식용 핑크 색소 2~3방울
  (기호에 따라 가감)

가나슈
- 다크 커버춰 초콜릿 다진 것 80g
- 생크림 60g
- 버터 10g
- 물엿 10g

♥ 만들기

1 오븐 팬에 테프론 시트를 깔고 지름 3.5cm 정도의 원형 쿠키틀에
  박력분(약간)을 묻혀 사방 2cm 간격으로 테프론 시트 위에 찍는다.

2 볼에 달걀흰자를 넣어 핸드믹서의 중간 단에서 작은 거품이 생길 때까지 휘핑한다.

3 설탕을 2~3번에 나누어 넣으며 거품기로 들어 올렸을 때 끝이 살짝 휘어지는
  삼각뿔 모양이 될 때까지 휘핑한다.

4 체 친 아몬드가루, 슈가파우더를 넣어 주걱으로 가볍게 섞은 후
  핑크 색소를 넣고 색이 얼룩지지 않을 때까지 골고루 섞는다.

5 주걱으로 볼 옆면에 반죽을 펼친다는 느낌으로 반죽을 떨어트렸을 때 끊어지지 않고
  계단처럼 쌓인 후 서서히 퍼지는 농도가 될 때까지 섞는다.

6 원형 깍지를 끼운 짤주머니에 반죽을 넣고 오븐 팬에서
  1cm 정도 높이로 띄워 원에 맞춰 동그랗게 짠다.
  ★ 반죽을 짠 후 팬을 조심스럽게 들고 오븐 팬 밑면을
     손바닥으로 가볍게 치면 윗면이 매끄럽게 퍼져요.

7 실온에서 1시간 동안 말린다. 오븐을 160℃로 예열한다.

8 160℃로 예열된 오븐의 가운데 칸에서 4분, 140℃로 낮추고 12~15분간 더 굽는다.
  오븐에서 꺼내 테프론 시트 위에서 완전히 식힌 후 떼어낸다.

♥ 가나슈 샌드하기

9 냄비에 생크림을 넣어 중간 불에서 가장자리가 살짝 끓어오를 때까지
  끓인 후 불을 끈다.

10 다크 커버춰 초콜릿을 넣고 주걱으로 저어가며 녹인다.
   버터, 물엿을 넣고 녹인 후 걸쭉한 상태가 될 때까지 식힌다.

11 짤주머니에 가나슈를 넣고 끝의 2.5cm 지점을 가위로 자른다. 마카롱의 1/2분량만
   안쪽면에 가나슈를 짠다. 나머지 1/2분량으로 한 개씩 살짝 눌러 덮어 완성한다.

포장법
20, 21p

↑ 손으로 만졌을 때 반죽이 묻어나지
  않으면 잘 마른 거예요.

버터크림 샌드하기

초코 마시멜로 컵케이크의 버터크림 장식(40쪽 참고)으로 만들어도 좋아요.

Lemon Cake

상큼 레몬 톡톡 케이크

레몬 요구르트 크림으로 만들어 상큼해요. 평소 생크림케이크가 느끼해서 싫어하는 분들도 좋아할 거예요.

포장법
242p

🕐 1시간

🌑 지름 15cm 원형틀(1호) 1개분

🍯 3일간 냉장 보관

재료

- 실온에 둔 달걀 100g
- 설탕 55g
- 박력분 55g
- 베이킹파우더 1/3작은술
- 레몬파우더 4g
- 녹인 버터 20g
- 레몬 익스트랙 1/2작은술
- 레몬 제스트 1작은술
- 레몬 1/2개분
- 애플민트 잎 약간(생략 가능)

시럽

- 물 100g
- 설탕 100g

요구르트크림

- 생크림 350g
- 떠먹는 플레인 요구르트 50g
- 레몬즙 10g
- 설탕 40g

♥ 시럽 만들기

1 냄비에 시럽용 물과 설탕을 넣어 중간 불에서 바글바글 끓인 후 완전히 식힌다.

♥ 만들기

2 오븐을 175℃로 예열한다. 원형틀에 유산지를 깐다.

3 볼에 달걀을 넣고 설탕을 2~3번에 나누어 넣으며 핸드믹서의 높은 단에서
달걀 거품을 떨어뜨렸을 때 자국이 3초 이상 유지될 때까지 휘핑한다.

4 체 친 박력분, 베이킹파우더, 레몬파우더를 넣고 주걱으로
아래에서 위로 뒤집듯이 재빨리 섞는다.

5 녹인 버터와 레몬 익스트랙을 섞은 후 볼 옆면을 타고 흐르듯이 넣으며 섞는다.
레몬 제스트를 넣고 주걱으로 아래에서 위로 뒤집듯이 섞는다.

6 ②의 틀에 반죽을 채운다. 175℃로 예열된 오븐의 가운데 칸에서 25분간 굽는다.
틀에서 꺼낸 후 뒤집어 식힘망에 올려 완전히 식힌다.

♥ 요구르트크림 장식하기

7 레몬은 0.5cm 두께로 슬라이스 하고, 스펀지케이크는 빵칼로 3등분한다.

8 볼에 생크림, 떠먹는 플레인 요구르트, 레몬즙을 넣고 설탕을 2~3번에 나누어 넣으며
핸드믹서의 높은 단에서 거품기로 들어 올렸을 때 뾰족한 삼각뿔 모양이 될 때까지
단단하게 휘핑한다.

9 스펀지케이크 1장을 돌림판 위에 올리고 시럽을 바른다.
크림을 올리고 스패튤라로 골고루 펴 바른다. 이 과정을 한 번 더 반복한다.

10 나머지 스펀지케이크를 올리고 시럽을 바른다. 크림을 올리고 스패튤라로
크림을 살짝 누른다는 느낌으로 돌림판을 돌려가며 매끄럽게 펴 바른다.

11 스패튤라를 수직으로 세우고 45°로 벌린 후 돌림판을 돌려가며 옆면에 크림을
바른다. 윗면 가장자리는 스패튤라를 밖에서 안으로 스치듯 움직여 매끈하게 정리한다.

12 원형 깍지를 끼운 짤주머니에 나머지 크림을 넣고 윗면 가장자리에 동그랗게 짠다.
레몬, 애플민트 잎을 올려 장식한다.

↑ 너무 많이 섞거나 시간이 지체되면 거품이 꺼질 수 있으니 재빨리 섞어요.

↓ 반죽을 채운 틀을 가볍게 바닥에
　내리치면 조직이 일정하게 구워져요.

↓ 돌림판이 없다면 평편한 그릇에
　올리고 발라요.

과일 요구르트 사용하기

떠먹는 플레인 요구르트 대신, 다양한 과일맛 요구르트를 동량으로 사용해도 좋아요.

THANK YOU

고마워
감사해요

어버이날, 스승의 날 또는 돌잔치와 결혼식 답례품 등
고마운 마음을 전해야 하는 순간 직접 만든 디저트에
그 마음을 담아보세요. 녹차, 두부, 쌀가루 등
건강한 재료로 만든 달지 않은 디저트는
남녀노소 모두가 좋아해 부담 없이 선물할 수 있어요.

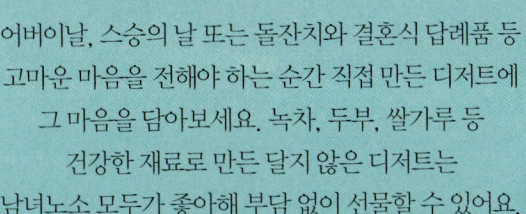

Injeolmi rice cake

고소한 인절미 쌀케이크

쌀가루로 만든 글루텐프리 케이크라 소화가 잘 되고, 콩가루의 고소한 맛 덕분에 남녀노소 모두 좋아하지요.

포장법
24p

⏱ 1시간
◐ 지름 15cm 원형틀(1호) 1개분
🧊 3일간 냉장 보관

재료
· 달걀 100g
· 설탕 55g
· 박력 쌀가루 55g
· 베이킹파우더 1/3작은술
· 녹인 버터 20g
· 견과류(호두, 피칸) 약간
· 슈가파우더 약간(생략 가능)

꿀시럽
· 물 80g
· 꿀 80g

콩가루크림
· 생크림 400g
· 볶은 콩가루(또는 미숫가루) 20g
· 꿀 40g

★ 볶은 콩가루
날 콩가루를 볶은 것으로
고소한 맛이 특징이다.
대형 마트 또는 온라인 몰에서
구입 가능하다.

✿ 꿀시럽 만들기

1 냄비에 꿀 시럽 재료를 넣어 중간 불에서 바글바글 끓인 후 완전히 식힌다.

✿ 만들기

2 오븐을 175℃로 예열한다. 원형틀에 유산지를 깐다.

3 볼에 달걀을 넣고 설탕을 2~3번에 나누어 넣으며 핸드믹서의 높은 단에서
달걀 거품을 떨어뜨렸을 때 자국이 3초 이상 유지될 때까지 휘핑한다.

4 체 친 박력 쌀가루, 베이킹파우더를 넣고 주걱으로
아래에서 위로 뒤집듯이 재빨리 섞는다.

5 녹인 버터를 볼 옆면을 타고 흐르듯이 넣으며 아래에서 위로 뒤집듯이 섞는다.

6 ②의 틀에 반죽을 채운다. 175℃로 예열된 오븐의 가운데 칸에서 22~25분간 구운 후
뒤집어 식힘망에 올려 완전히 식힌다.

✿ 콩가루크림 장식하기

7 쌀케이크는 빵칼로 3등분한다.

8 볼에 콩가루크림 재료를 넣고 핸드믹서의 높은 단에서 거품기로 들어 올렸을 때
뾰족한 삼각뿔 모양이 될 때까지 단단하게 휘핑한다.

9 쌀케이크 1장을 돌림판 위에 올리고 시럽을 바른다. 크림을 올리고 스패튤라로
골고루 펴 바른다. 이 과정을 한 번 더 반복한다.

10 나머지 쌀케이크를 올리고 시럽을 바른다. 크림을 올리고 스패튤라로
크림을 살짝 누른다는 느낌으로 돌림판을 돌려가며 매끄럽게 펴 바른다.

11 스패튤라를 수직으로 세우고 45°로 벌린 후 돌림판을 돌려가며 옆면에 크림을 바른다.
윗면 가장자리는 스패튤라를 밖에서 안으로 스치듯 움직여 매끈하게 정리한다.

12 윗면에 견과류를 듬뿍 올리고 슈가파우더를 뿌린다.

↓ 너무 많이 섞거나 시간이 지체되면
거품이 꺼질 수 있으니 재빨리 섞어요.

↑ 버터는 미지근한 온도로 준비하세요.
볼 바닥에 녹인 버터가 남지 않도록
골고루 섞어요.

↑ 반죽을 채운 틀을 가볍게 바닥에
내리치면 반죽 속의 공기가 빠져
조직이 일정하게 구워져요.

↓ 돌림판이 없다면 평편한 그릇에 올리고 발라요.

8

9

10

11

12

견과류 더 맛있게 사용하기

장식용 견과류는 끓는 물에 살짝 데친 후 달군 팬에 넣고 약한 불에서 수분이 날아가도록
볶아 사용하면 특유의 군내가 사라지고 더 고소해요.

Full moon dorayaki

레시피
84쪽

Grandmother's sweet jelly
of red beans

레시피
86쪽

보름달 도라야끼

일본 전통 과자로, 팬케이크처럼 폭신폭신하고 팥을 듬뿍 넣어 달콤해요. 어른들께 선물하면 좋아하실 거예요.

🕐 40분
🍘 4개분(지름 10~12cm)
🫙 3일간 실온 보관

재료

- 삶은 밤(또는 시판 맛밤) 50g
- 팥앙금 300g
- 달걀 2개
- 설탕 70g
- 소금 1/8작은술
- 바닐라 익스트랙 5~6방울
- 꿀 30g
- 우유 20g
- 박력분 140g
- 베이킹파우더 8g
- 녹인 버터 20g
- 식용유 약간

❀ 만들기

1 밤은 0.5cm 크기로 다진다. 볼에 팥앙금과 밤을 넣고 골고루 섞는다.

2 볼에 달걀, 설탕, 소금을 넣어 거품기로 설탕이 다 녹을 때까지 섞는다.

3 바닐라 익스트랙, 꿀, 우유를 넣고 거품기로 골고루 섞는다.

4 체 친 박력분, 베이킹파우더를 넣고 가루 재료가 완전히 섞여 보이지 않을 때까지 섞는다.

5 녹인 버터를 볼 옆면을 타고 흐르듯이 넣으며 골고루 섞는다.

6 약한 불로 달군 팬에 식용유를 두르고 키친타월로 얇게 펴 바른다.

7 국자로 반죽을 떠 지름 10cm 크기의 동그란 모양이 되도록 올린다.

8 약한 불에서 표면에 기포가 올라오기 시작하면 뒤집은 후 갈색이 될 때까지 굽는다. 같은 방법으로 7개 더 만들어 식힘망에 올려 완전히 식힌다.

9 4장의 도라야끼 한쪽 면에 ①의 팥앙금을 1/4분량씩 올린 후 나머지 4장으로 덮는다.

필링을 다양하게

팥앙금 대신 동량의 백앙금을 사용해도 좋아요.
또 다진 견과류(호두, 땅콩, 피칸 등) 30g을 앙금과 함께 넣으면 고소한 맛이 더해져요.

↓ 볼 바닥에 녹인 버터가 남지
않도록 골고루 섞어요.

포장법
20, 23p

↑ 식용유가 많으면 도라야끼의 색이 고르게 나지않아요.

간편하게

도라야끼 반죽 대신 팬케이크 믹스를 사용해도 좋아요.

할머니의 밤양갱

말랑말랑 부드러운 양갱에 밤을 넣어 고소함을 더했어요. 명절 또는 어버이날 선물로 안성맞춤이지요.

🕐 40분 (+ 굳히기 2시간)

🍪 12×12cm 밀폐용기
 (또는 사각틀) 1개분

🫙 7일간 냉장 보관

재료
• 삶은 밤(또는 시판 맛밤) 100g
• 물 300g
• 한천가루 1큰술
• 설탕 50g
• 물엿 50g
• 팥앙금 500g

★ **한천가루**
해초인 우뭇가사리를 주원료로
만든 응고제로, 쫄깃하게 굳는
힘이 있다. 주로 양갱을 만들 때
사용한다. 온라인 베이킹 몰
또는 베이킹 매장에서 구입할 수 있다.

❀ **만들기**

1 냄비에 물, 한천가루를 넣어 10분간 불린다.

2 밀폐용기 안쪽에 물을 뿌리고 랩을 깐다. 밤은 사방 0.5cm 크기로 썬다.

3 냄비를 중약 불에 올리고 한천이 녹을 때까지 주걱으로 골고루 저어준다.

4 끓어오르면 설탕, 물엿, 팥앙금을 넣고 중간 불에서
 주걱으로 저어가며 2~3분간 끓인다.

5 약한 불로 줄이고 주걱으로 계속 저어가며 앙금이 걸쭉해질 때까지 10분간 더 끓인다.

6 밤을 넣고 골고루 섞은 후 한 김 식힌다.

7 ②의 밀폐용기에 ⑥을 붓고 서늘한 곳(15~18℃)에서 2시간 동안 굳힌다.

8 밀폐용기에서 꺼낸 후 랩을 제거하고 먹기 좋은 크기로 썬다.

필링을 다양하게
삶은 밤 대신 동량의 삶은 고구마, 찐 단호박을 넣어 만들어도 좋아요.

밑바닥까지 골고루 저어가며 끓여야
눌어붙지 않아요.

포장법
29p

↑ 윗면에 밤을 올리고 굳혀도 좋아요.

Steamed rice cake of espresso

에스프레소 설기

쌀가루로 쫀득하게 쪄낸 떡 케이크에 은은한 커피향을 더했어요. 스승의 날 감사의 마음과 함께 선물해보세요.

포장법 24, 25p

⏱ 1시간

◔ 지름 15cm 원형 무스틀 1개분

🫙 7일간 냉동 보관 또는
1일간 실온 보관

재료
- 건식 멥쌀가루 200g
- 물 70g
- 우유 30g
- 설탕 30g
- 소금 1/4작은술
- 커피가루 2작은술
- 커피빈 초콜릿(장식용) 약간

★ 건식 멥쌀가루
불리지 않은 쌀을 빻은 가루이다.
대형 마트 유기농 코너 또는
온라인 몰에서 구입 가능하다.

❀ **만들기**

1 찜기의 1/2지점까지 물을 붓고 뚜껑을 덮어 센 불에서 끓인다.

2 내열용기에 물, 우유, 설탕, 소금, 커피가루를 넣고 전자레인지(700W)에서
40초간 커피가루가 녹을 때까지 데운다.

3 볼에 체 친 건식 멥쌀가루를 넣고 ②를 조금씩 넣어가며 손으로
소보로 상태가 될 때까지 비벼가며 섞는다.
★ 반죽은 손에 쥐었을 때 풀어지지 않을 정도가 좋아요.

4 다른 볼에 체를 올린 후 ③을 넣고 손바닥으로 눌러가며 고르게 내린다.

5 ④번 과정을 20분간 보슬보슬한 상태가 될 때까지 반복한다.
★ 질은 반죽이에요. 여러 번 체에 내려야 쌀가루에 수분이 골고루 퍼져요.

6 찜기에 면보를 깔고 무스틀을 올린다. 무스틀 안에 ⑤를 넣고 윗면을 살살 눌러
평평하게 정리한 후 면보(또는 종이 포일)를 덮는다.
★ 반죽을 넣고 무스틀을 양옆으로 살짝 살짝 움직여서
테두리에 공간을 남겨주면 찌고난 후 틀에서 잘 빠져요.

7 찜기에 올려 뚜껑을 덮고 중간 불에서 20분간 찐 후 불을 끄고 5분간 뜸을 들인다.
뚜껑을 열고 한 김 식힌 후 꺼낸다.

간편하게
과정 ⑥에서 찜기능이 있는 전기밥솥에
물 1컵(200㎖)을 넣고 찜기를 올려요.
면보를 깔고 무스틀을 올린 후 반죽을
채우고 찜기능 버튼을 누르세요.

Mont blanc

가을을 닮은 몽블랑

고소한 타르트 위에 달콤한 크림과 녹차 맛 앙금을 올렸어요. 맛도 모양도 특별한 달지 않은 디저트예요.

포장법
26, 27p

- 🕐 45분(+ 휴지시키기 1시간)
- 🥧 지름 6cm 미니 타르트틀 5개분
- 🫙 3일간 냉장 보관

재료

- 실온에 둔 버터 50g
- 슈가파우더 20g
- 소금 1/4작은술
- 달걀노른자 1개분
- 생크림 1큰술
- 박력분 100g
- 생크림 200g
- 설탕 20g
- 팥배기 3큰술
- 삶은 밤(또는 시판 맛밤) 5개

녹차크림

- 백앙금 250g
- 생크림 3큰술
- 녹차가루 3g

★ 팥배기

팥을 삶아 설탕에 조린 것으로
부드럽고 달콤한 식감이 특징이다.
온라인 베이킹 몰 또는
베이킹 매장에서 구입 가능하다.

✿ 만들기

1. 볼에 버터를 넣어 핸드믹서의 낮은 단에서 부드러운 크림 상태가 될 때까지 푼다.
2. 슈가파우더, 소금을 넣고 슈가파우더가 녹을 때까지 섞는다.
3. 달걀노른자를 넣어 골고루 섞은 후 생크림을 넣고 반죽이 매끄러워질 때까지 섞는다.
4. 체 친 박력분을 넣고 완전히 섞여 보이지 않을 때까지 주걱으로 자르듯이 섞는다.
5. 반죽을 위생팩에 넣어 납작하게 누른 후 냉장실에서 30분간 휴지시킨다.
6. 도마에 박력분(약간)을 뿌리고 반죽을 올린 후 0.5cm 두께가 되도록 밀어 편다.
7. 반죽을 타르트틀 안에 넣은 후 바닥과 옆면을 손으로 살살 눌러가며 붙인다.
8. 타르트틀째 위생팩에 넣어 냉장실에서 30분간 휴지시킨다.
9. 오븐을 175℃로 예열한다. 포크로 바닥 가장자리와 중간중간에 구멍을 낸다.
10. 175℃로 예열된 오븐의 가운데 칸에서 20분간 구운 후 틀째로 식힘망에 올려 식힌다.

✿ 녹차크림 장식하기

11. 볼에 생크림(200g)과 설탕을 넣어 핸드믹서의 높은 단에서 거품기로 들어 올렸을 때 뾰족한 삼각뿔 모양이 될 때까지 휘핑한 후 팥배기를 넣고 가볍게 섞는다.
12. 다른 볼에 백앙금을 넣고 주걱으로 부드럽게 풀어준 후 체 친 녹차가루, 생크림(3큰술)을 넣고 부드러운 상태가 될 때까지 섞는다.
13. 짤주머니에 ⑪을 넣고 끝의 3.5cm 지점을 가위로 자른 후 타르트 위에 삼각형으로 짠다.
14. 몽블랑 깍지를 끼운 짤주머니에 ⑫를 넣고 사진처럼 아래부터 위로 돌려가며 뾰족한 모양으로 짠다. 밤을 올려 장식한다.

↓ 슈가파우더를 넣고 주걱으로 가볍게 섞은 후
 핸드믹서로 섞으면 슈가파우더가 날리지않아요.

↑ 반죽이 달라 붙으면 중간중간 박력분을 뿌려요.

홍차 맛, 초콜릿 맛 몽블랑 만들기
녹차크림의 녹차가루 대신 동량의 홍차가루, 코코아가루를 넣고 동일한 방법으로 만들어보세요.

↑ 짤주머니를 수직으로 세우고 크림을 짠 후
힘을 빼고 가볍게 위로 들어올려요.

몽블랑 깍지 대체하기
지름이 작은 원형 깍지로 대체하고 원형 깍지를 끼운 짤주머니에 녹차크림을 넣고 과정 ⑭와 동일한 방법으로 여러 번 돌려가며 짜세요.

Banana oatmeal cookies

레시피
96쪽

Tofu cookies

레시피
98쪽

바나나 오트밀쿠키

버터를 사용하지 않고 식이섬유가 풍부한 오트밀과 바나나를 듬뿍 넣어 영양을 더한 웰빙 쿠키입니다.

⏱ 40분(+ 휴지시키기 30분)

🍪 12개분(지름 7cm)

🍯 4일간 실온 보관

재료

- 오트밀 100g
- 바나나 1개
- 설탕 60g
- 소금 1/3작은술
- 포도씨유 60g
- 박력분 150g
- 아몬드가루 50g
- 시나몬파우더 5g

❀ **만들기**

1 오트밀은 푸드프로세서에 넣어 곱게 간다.

2 볼에 바나나를 넣고 포크로 부드럽게 으깬다.

3 설탕, 소금을 넣어 거품기로 설탕이 녹을 때까지 섞은 후 포도씨유를 넣고 섞는다.

4 체 친 박력분, 아몬드가루, 시나몬파우더를 넣고 80% 정도 섞일 때까지 주걱으로 자르듯이 섞는다.

5 오트밀을 넣어 골고루 섞는다.

6 반죽을 위생팩에 넣고 냉장실에서 30분간 휴지시킨다.

7 오븐을 180℃로 예열한다. 반죽을 동그랗게 빚은 후 유산지를 깐 오븐 팬 위에 일정한 간격으로 올리고 0.8cm 두께가 되도록 손바닥으로 살짝 눌러 납작하게 만든다.

8 180℃로 예열된 오븐의 가운데 칸에서 22~25분간 구운 후 식힘망에 올려 식힌다.

오트밀 대체하기

오트밀 대신 동량의 다진 견과류(호두, 피칸, 아몬드 등)를 넣어도 좋아요.

↑ 굽는 중간에 팬을 한 번 돌려주면 골고루
구워져요. 팬의 크기에 따라 나눠 구워요.

건강 두부쿠키

두부와 흑임자를 넣어 맛은 물론 건강까지 생각한 영양 만점 쿠키입니다. 설탕 대신 꿀을 넣어 달지 않고 고소해요.

🕐 40분(+ 휴지시키기 30분)

🍪 12~13개분(지름 7cm)

🫙 4일간 실온 보관

재료

- 두부 70g
- 달걀 1개
- 꿀 30g
- 소금 1/4작은술
- 박력 쌀가루 200g
- 흑임자(또는 통깨) 1큰술
- 포도씨유 25g

❀ **만들기**

1 두부는 끓는 물에 30초간 데친 후 찬물에 헹군다.
키친타월로 물기를 완전히 제거한 후 포크로 곱게 으깬다.

2 볼에 달걀을 넣어 거품기로 멍울을 풀어준 후 꿀, 소금을 넣고 골고루 섞는다.

3 체 친 박력 쌀가루를 넣고 완전히 섞여 보이지 않을 때까지 주걱으로 자르듯이 섞는다.

4 ①의 두부, 흑임자, 포도씨유를 넣고 반죽이 한 덩어리가 될 때까지 주걱으로 섞는다.

5 반죽을 위생팩에 넣고 납작하게 누른 후 냉장실에서 30분간 휴지시킨다.

6 오븐을 170℃로 예열한다. 도마에 비닐을 깔고 반죽을 올린 후
0.5cm 두께가 되도록 밀어 편다.

7 쿠키커터에 밀가루를 살짝 묻힌 후 반죽을 찍어낸다.

8 유산지를 깐 오븐 팬에 일정한 간격으로 올린 후 반죽 위에 포크로 구멍을 낸다.

9 170℃로 예열된 오븐의 가운데 칸에서 15분간 굽는다. 식힘망에 올려 식힌다.
★ 굽는 중간 팬을 한 번 돌려주면 골고루 구워져요.
팬의 크기에 따라 나눠 구워요.

두부를 데치는 이유

두부는 꼭 끓는 물에 데친 후 사용해야 두부 특유의 비린내가 나지 않아요.

↓ 주걱으로 자르듯이 섞어야 바삭한 식감의
쿠키를 만들 수 있어요.

포장법
20, 21p

↑ 반죽이 달라 붙으면 중간중간
박력분을 뿌려요.

Seed gangjeong

고소고소 강정

통깨, 해바라기씨, 호박씨 등 씨앗을 듬뿍 넣어 만든 바삭한 강정이에요. 가족들 건강 간식으로도 좋아요.

포장법
22, 23p

⏱ 25분
🍪 21×21cm 사각틀 1개분
🫙 7일간 실온 보관

재료
- 통깨 100g
- 흑임자 100g
- 해바라기씨 30g
- 호박씨 30g
- 물엿(또는 조청) 4큰술
- 설탕 2큰술
- 소금 1/2작은술
- 물 2큰술

✿ **만들기**

1 사각틀에 유산지를 깐다.

2 달군 팬에 통깨, 흑임자, 해바라기씨, 호박씨를 넣어 중약 불에서 5분간 볶는다.
   그릇에 옮겨 담고 한 김 식힌다.

3 팬에 물엿, 설탕, 소금, 물을 넣고 센 불에서 끓어오르면 ②를 넣어
   약한 불에서 가느다란 투명색 실이 보일 때까지 볶는다.

4 ①의 틀에 ③을 넣고 유산지로 윗면을 덮은 후 1cm 두께가 되도록 손으로 눌러 편다.

5 한 김 식힌 후 한입 크기로 썬다.
   ★ 강정이 너무 많이 굳으면 자를 때 부서지기 쉬우니 약간 따뜻할 때 썰어요.

씨앗 대체하기
씨앗 대신 동량의 다진 견과류(호두,
피칸, 땅콩, 아몬드 등)를 넣어도 좋아요.

Broccoli muffin

브로콜리 너마저 머핀

브로콜리의 맛있는 변신! 브로콜리와 양파를 넣어 건강한 맛과 풍미를 살렸어요.

포장법
26, 27p

- 🕐 50분
- ⊘ 지름 5.5cm 머핀틀 6개분
- 🖼 3일간 실온 보관

재료

- 브로콜리 100g
- 다진 양파 5큰술(50g)
- 실온에 둔 버터 60g
- 설탕 80g
- 소금 1/2작은술
- 실온에 둔 달걀 2개
- 중력분 200g
- 베이킹파우더 1작은술
- 우유 100g
- 바닐라 익스트랙 1방울
- 포도씨유(또는 식용유) 1큰술

✿ 만들기

1. 브로콜리는 뜨거운 물에 30초간 데친다. 찬물에 헹궈 물기를 뺀 후 잘게 다진다. 머핀틀에 머핀 유산지를 깐다.

2. 달군 팬에 포도씨유를 두르고 다진 양파를 넣어 중간 불에서 양파가 투명해질 때까지 볶은 후 브로콜리를 넣고 수분기가 없어질 때까지 1분간 볶는다. 접시에 펼쳐 담고 한 김 식힌다.

3. 오븐을 175℃로 예열한다. 볼에 버터를 넣어 핸드믹서의 낮은 단에서 부드러운 크림 상태가 될 때까지 푼다.

4. 설탕, 소금을 2번에 나누어 넣으며 설탕 입자가 보이지 않을 때까지 섞는다.

5. 달걀을 1개씩 나눠 넣으며 낮은 단에서 부드러운 크림 상태가 될 때까지 휘핑한다.

6. 체 친 중력분, 베이킹파우더를 넣고 80% 정도 섞일 때까지 주걱으로 아래에서 위로 뒤집듯이 섞는다.

7. 우유와 바닐라 익스트랙을 넣어 주걱으로 가볍게 섞은 후 브로콜리, 양파를 넣고 섞는다.

8. 짤주머니에 반죽을 넣고 끝의 5cm 지점을 가위로 자른다. ①의 틀에 80% 정도까지 반죽을 채운다.

9. 175℃로 예열된 오븐의 가운데 칸에서 25~28분간 굽는다. 틀에서 꺼내 식힘망에 올려 식힌다.
   ★ 꼬지로 반죽을 찔러보았을 때 반죽이 묻어나지 않으면 다 익은 거예요.

치즈머핀 만들기

과정 ⑧에서 머핀 위에 슬라이스 체다치즈를 작게 잘라 올려 구우면 치즈 풍미의 머핀을 만들 수 있어요.

↓ 볼 옆면에 붙은 버터가 삼각뿔 모양이
되면 잘 풀어진 거예요.

↑ 너무 많이 섞으면 식감이 질겨지니
주의하세요.

↑ 짤주머니가 없을 때는 숟가락을
이용해도 좋아요.

Orange muffin

레시피
106쪽

상큼 오렌지 머핀

오렌지를 넣어 상큼하고 부드러운 머핀이에요. 특별한 날 고마운 마음을 담아 답례품으로 선물하기 좋아요.

🕐 50분
🍪 지름 5.5cm 머핀틀 6개분
🫙 3일간 실온 보관

재료
- 오렌지 1/2개(또는 귤 1개)
- 실온에 둔 버터 75g
- 설탕 100g
- 소금 1/3작은술
- 실온에 둔 달걀 1개
- 우유 75g
- 박력분 125g
- 베이킹파우더 1작은술
- 말린 오렌지 6개(생략 가능)

❀ **반죽 만들기**

1 오렌지는 껍질을 제거하고 잘게 다진다. 머핀틀에 머핀 유산지를 깐다.

2 오븐을 180℃로 예열한다. 볼에 버터를 넣어 핸드믹서의 낮은 단에서
   부드러운 크림 상태가 될 때까지 푼다.
   ★ 볼 옆면에 붙은 버터가 삼각뿔 모양이 되면 잘 풀어진 거예요.

3 설탕, 소금을 2~3번에 나누어 넣으며 설탕 입자가 보이지 않을 때까지 섞는다.

4 달걀을 넣고 부드러운 크림 상태가 될 때까지 휘핑한 후 우유를 넣고 섞는다.

5 체 친 박력분, 베이킹파우더를 넣고 주걱으로 아래에서 위로 뒤집듯이
   섞은 후 오렌지를 넣고 가볍게 섞는다.

6 짤주머니에 반죽을 넣고 끝의 5cm 지점을 가위로 자른다.
   ①의 틀에 80% 정도까지 반죽을 채운다.

7 180℃로 예열된 오븐의 가운데 칸에서 25분간 굽는다.
   틀에서 꺼내 식힘망에 올려 식힌다.

말린 오렌지 만드는 법
오렌지를 0.5cm 두께로 슬라이스한 후 100℃로 예열된 오븐의 가운데 칸에서
40분간 말리듯 구워요. 완식히 식힌 후 머핀 장식으로 사용하면 좋아요.

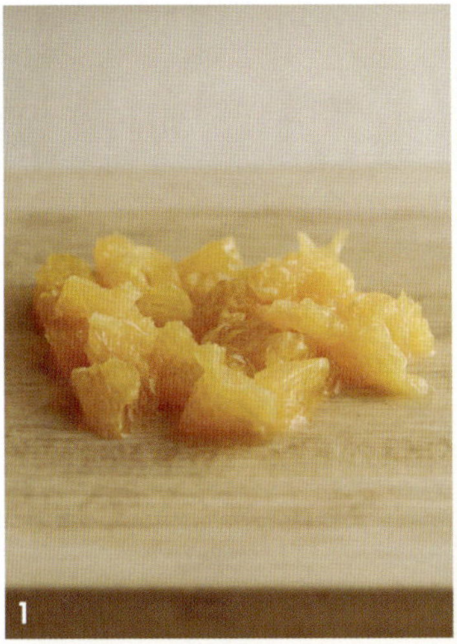

포장법
26,27p

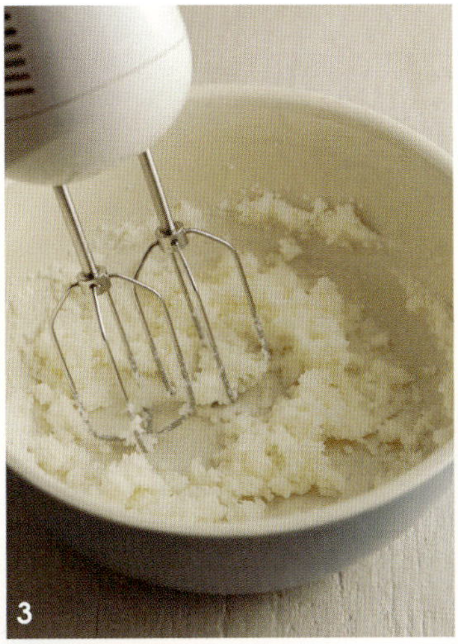

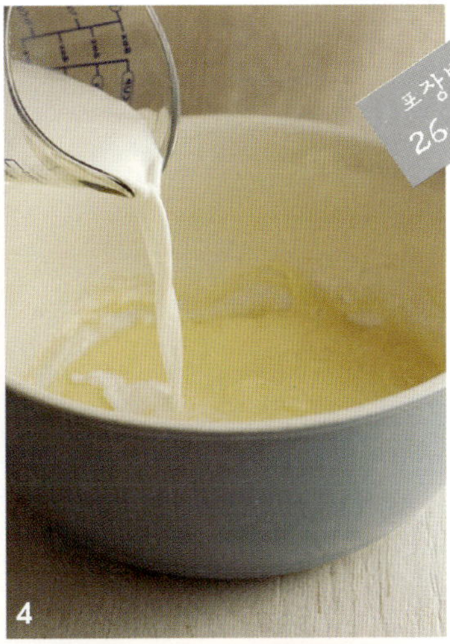

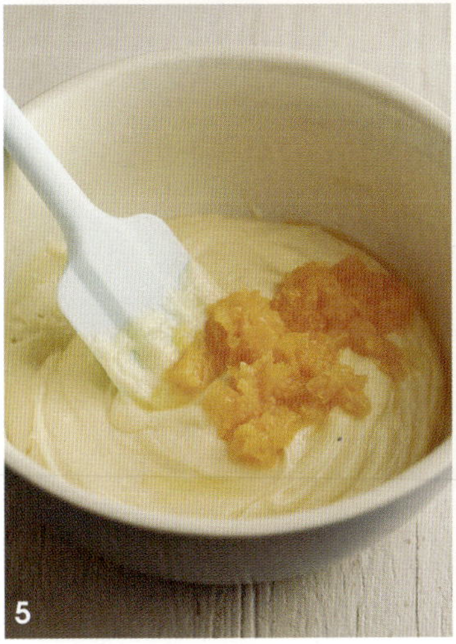

↑ 너무 많이 섞으면 식감이 질겨지니 주의하세요.

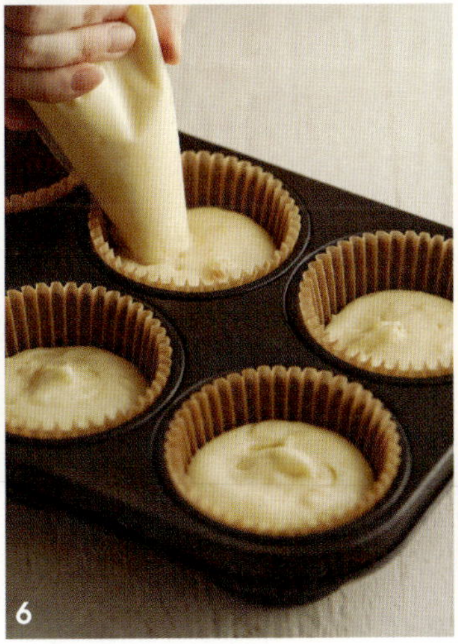

↑ 꼬지로 반죽을 찔러보았을 때 반죽이
묻어나오지 않으면 다 익은 거에요.

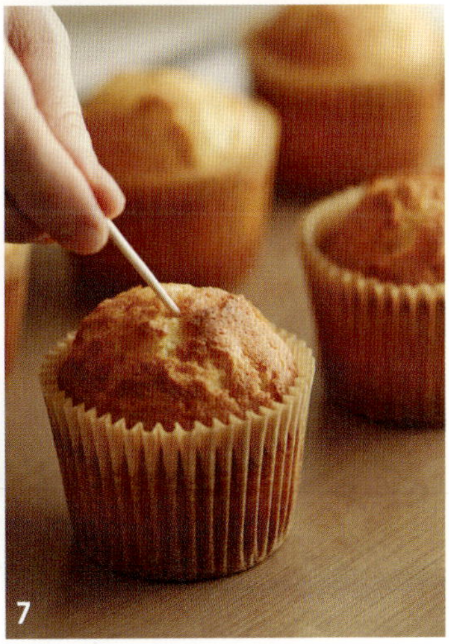

오렌지 향을 진하게

오렌지 제스트 1/2개분을 과정 ⑤에 함께 넣고 섞으면 오렌지 향이 더욱 진한 머핀을 만들 수 있어요.

Sweet pumpkin manzu

달콤 단호박만주

노란 단호박 모양의 만주 속에 달콤한 앙금을 넣었어요. 은은한 단호박 향이 입맛을 당기는 귀여운 디저트랍니다.

포장법
29P

🕐 1시간(+ 휴지시키기 30분)

🍪 10개분(지름 5cm)

🍯 5일간 실온 보관

재료
- 실온에 둔 버터 60g
- 설탕 50g
- 소금 1/4작은술
- 달걀 1개
- 생크림 20g
- 박력분 200g
- 단호박가루(또는 녹차가루) 20g
- 베이킹파우더 1/4작은술
- 실온에 둔 팥앙금 200g
- 호박씨 10개

달걀물
- 달걀노른자 1개분
- 물 1큰술

❀ 만들기

1 볼에 버터를 넣어 핸드믹서의 낮은 단에서 부드러운 크림 상태가 될 때까지 푼다.

2 설탕, 소금을 2~3번에 나누어 넣으며 설탕 입자가 보이지 않을 때까지 섞는다.

3 달걀을 넣고 부드러운 크림 상태가 될 때까지 섞은 후 생크림을 넣고 섞는다.

4 체 친 박력분, 단호박가루, 베이킹파우더를 넣고 가루 재료가 완전히 섞여 보이지 않을 때까지 주걱으로 자르듯이 섞는다.

5 반죽을 위생팩에 넣고 납작하게 누른 후 냉장실에서 30분간 휴지시킨다.

6 오븐을 170℃로 예열한다. 팥앙금을 20g씩 10개로 나눈 후 동그랗게 빚는다.

7 ⑤의 반죽을 40g씩 10개로 나눈 후 동그랗게 빚는다. 손으로 눌러 둥글 납작하게 편다.

8 반죽 위에 앙금을 올리고 가장자리 반죽을 가운데로 모아 이음매를 꼭꼭 꼬집어 붙인다.

9 스크래퍼로 반죽 위에 열십(+)자 모양으로 두 번 칼집을 내 호박 무늬를 만든다.

10 유산지를 깐 오븐 팬에 이음매 부분이 아래로 가도록 올린다.

11 윗면에 달걀물을 바르고 가운데 호박씨를 올려 살짝 누른다.

12 170℃로 예열된 오븐의 가운데 칸에서 25분간 굽는다. 식힘망에 올려 식힌다.
★ 굽는 중간 팬을 한 번 돌려주면 골고루 구워져요.

↓ 마요네즈처럼 부드러운 상태로 풀어요.

↑ 주걱으로 자르듯이 섞어야 바삭한 식감의 만주를 만들 수 있어요.

↓ 너무 강하게 누르면 반죽이 터지니 조심하세요.

111

Pineapple cake

파인애플 듬뿍 펑리수

대만의 대표 과자인 펑리수예요. 바삭한 과자 속에 수제 파인애플잼까지! 정성을 가득 담아 만들어보세요.

포장법
29p

⏱ 1시간 40분 (+ 숙성시키기 1일)

🍪 10×5cm 펑리수틀 14개분

🫙 3일간 실온 보관

재료
- 실온에 둔 버터 150g +
  녹인 버터 5g
- 소금 1/4작은술
- 슈가파우더 100g
- 달걀노른자 2개분
- 바닐라 익스트랙 1방울
- 박력분 350g
- 아몬드가루 30g
- 베이킹파우더 1/4작은술

파인애플잼
- 파인애플 900g
- 설탕 100g
- 올리고당 100g
- 시나몬파우더 1작은술
- 녹말물 (전분가루 1큰술 + 물 3큰술)

★ 펑리수(凤梨酥)
펑리수는 파인애플 케이크란 뜻으로
바삭한 식감의 과자 속에
파인애플잼을 넣은 것이 특징이다.

❀ **파인애플잼 만들기**

1 파인애플은 푸드프로세서에 넣어 곱게 간다.

2 냄비에 설탕, 올리고당, ①을 넣고 중간 불에서 20분간 저어가며
1/2분량으로 줄어들 때까지 끓인다.

3 시나몬파우더를 넣고 녹말물을 둘러가며 넣은 후 수분이 없어질 때까지
약한 불에서 50분간 저어가며 끓인다.

4 불을 끄고 완전히 식힌 후 밀폐용기에 담아 냉장실에서 하루 숙성시킨다.

❀ **만들기**

5 펑리수틀에 녹인 버터(5g)를 바른다.

6 볼에 버터(150g), 소금을 넣어 핸드믹서의 낮은 단에서 부드러운 크림 상태가
될 때까지 푼다.

7 슈가파우더를 2~3번에 나누어 넣으며 슈가파우더가 완전히 섞일 때까지 섞는다.

8 달걀노른자, 바닐라 익스트랙을 넣고 중간 단에서 반죽이 매끄러워질 때까지 섞는다.

9 체 친 박력분, 아몬드가루, 베이킹파우더를 넣고 가루 재료가 완전히 섞여
보이지 않을 때까지 주걱으로 자르듯이 섞는다.

10 반죽을 위생팩에 넣고 납작하게 누른 후 냉장실에서 30분간 휴지시킨다.

11 오븐을 175℃로 예열한다. 반죽을 45g씩 14개로 나눈 후 동그랗게 빚는다.

12 동그랗게 빚은 반죽의 1/4정도를 떼어 놓고 나머지 반죽을 틀에 넣어
가운데 홈을 만들듯이 바닥과 옆면을 꼭꼭 눌러가며 씌운다.

13 숟가락으로 홈 안에 파인애플잼을 25g씩 넣는다.

14 남겨둔 반죽을 납작하게 눌러 펴 윗면을 덮어준 후 가장자리를 꼭꼭 눌러 붙인다.

15 유산지를 깐 오븐 팬에 뚜껑을 붙인 윗면이 밑으로 가도록 올린다.

16 175℃로 예열된 오븐의 가운데 칸에서 20분간 굽는다.
틀에서 꺼내어 식힘망에 올려 식힌다.

↓ 눌어붙지 않도록 골고루 저어가며 끓여요.

1	2
3	
4	5

↑ 틀 안쪽에 골고루 발라요.

간편하게

파인애플 대신 동량의 통조림 파인애플로 대체 가능해요.
이때, 파인애플잼 설탕을 1/2분량으로 줄인 후 동일한 방법으로 만들어요.

↓ 바닥과 옆면의 두께가 일정하도록 꼭꼭
눌러가며 씌워요.

6

9

12

13

14

↑ 가장자리가 터지지 않도록 꼭꼭 눌러
붙여요.

펑리수틀 대체하기

펑리수틀이 없다면 피낭시에틀을 이용해 동일하게 성형하여 구워도 좋아요.
이때, 반죽의 양은 40g씩 분할하고 파인애플잼은 20g씩 넣어주세요.

Tofu brownie

두부브라우니

No 버터, No 달걀! 두부와 식물성유지, 쌀가루로 만든 채식주의자들을 위한 브라우니입니다.

포장법 22, 23p

🕐 50분

🍪 21×21cm 사각틀 1개분

🫙 3일간 실온 보관

재료

- 두부 200g
- 두유 250g
- 다크 커버춰 초콜릿 다진 것120g
- 꿀 200g
- 박력 쌀가루 100g
- 아몬드가루 100g
- 코코아가루 50g
- 베이킹파우더10g
- 호두(또는 피칸) 100g
- 포도씨유 100g

❀ 만들기

1 사각틀에 유산지를 깐다. 호두는 사방 1cm 크기로 썬다.

2 두부는 끓는 물에 30초간 데친 후 찬물에 헹군다.
키친타월로 물기를 완전히 제거한 후 포크로 곱게 으깬다.

3 오븐은 180℃로 예열한다. 내열용기에 두부, 다크 커버춰 초콜릿을 넣고
전자레인지(700W)에서 30초에 한 번씩 저어가며 1분 30초간 녹인다.

4 볼에 ③과 꿀을 넣어 섞은 후 체 친 박력 쌀가루, 아몬드가루, 코코아가루,
베이킹파우더를 넣고 가루 재료가 완전히 섞여 보이지 않을 때까지 섞는다.

5 두부, 호두를 넣어 골고루 섞은 후 포도씨유를 넣고 섞는다.

6 ①의 틀에 반죽을 채우고 180℃로 예열된 오븐의 가운데 칸에서 25분간 굽는다.
틀에서 꺼내 식힘망에 올려 식힌다.

호두 대체하기

호두 대신 동량의 다진 견과류
(호두, 피칸, 땅콩, 아몬드 등) 또는
건과일(크랜베리, 라즈베리)을
넣어도 좋아요.

White chocolate greentea scone

화이트 초코 녹차스콘

달콤한 초콜릿과 쌉쌀한 녹차 향이 잘 어울리는 최고의 티 푸드입니다. 향긋한 홍차와 함께 선물하세요.

포장법
23p

⏱ 50분(+ 휴지 시키기 30분)

🍪 6개분(지름 6cm)

🫙 2일간 실온 보관

재료
- 차가운 버터 60g
- 박력분 200g
- 녹차가루 12g
- 베이킹파우더 1작은술
- 설탕 50g
- 소금 1/4작은술
- 달걀 1개
- 생크림 20g
- 화이트초콜릿칩 50g

달걀물
- 달걀노른자 1개분
- 물 1큰술

❀ **스콘 만들기**

1 버터는 사방 1cm 크기로 썬다.

2 볼에 체 친 박력분, 녹차가루, 베이킹파우더, 설탕, 소금, ①의 버터를 넣고 스크래퍼로 위에서 아래로 자르듯이 눌러가며 버터가 0.2~0.3cm 크기가 될 때까지 반죽한다.

3 달걀, 생크림을 넣어 주걱으로 자르듯이 섞은 후 화이트초콜릿칩을 넣고 반죽이 한 덩어리가 될 때까지 가볍게 섞는다.

4 위생팩에 넣고 냉장실에서 30분간 휴지시킨다.

5 오븐은 175℃로 예열한다. 도마에 반죽을 올리고 3cm 두께가 되도록 손으로 눌러 편 후 쿠키 커터로 반죽을 찍어낸다.

6 유산지를 깐 오븐 팬에 일정한 간격으로 올린 후 붓으로 윗면에 달걀물을 바른다.

7 175℃로 예열된 오븐의 가운데 칸에서 25분간 굽는다. 식힘망에 올려 식힌다.
   ★ 굽는 중간 팬을 한 번 돌려주면 골고루 구워져요.

🥢 **푸드프로세서로 반죽하기**

푸드프로세서에 박력분, 녹차가루, 베이킹파우더, 설탕, 소금, 버터를 넣고 버터가 0.3cm 크기의 부슬부슬한 상태가 될 때까지 섞어요.
볼에 옮겨 담고 과정 ③부터 동일한 방법으로 만들어요.

lamington

래밍턴

호주의 대표 디저트 래밍턴이에요. 여러 가지 잼을 샌드하여 다양한 매력의 래밍턴을 만들어보세요.

포장법
23p

🕐 60분

🕙 21×21cm 사각틀 1개분

🫙 4일간 냉장 보관

재료

- 실온에 둔 달걀 100g
- 설탕 55g
- 박력분 55g
- 베이킹파우더 1/3작은술
- 녹인 버터 20g
- 바닐라 익스트랙 5~6방울
- 딸기잼 5큰술(50g)
- 코코넛슬라이스 60g

가나슈

- 다크 커버춰 초콜릿 다진 것 200g
- 생크림 100g
- 버터 30g

★ 래밍턴(Lamington)

호주의 전통 디저트로
스펀지케이크에 초콜릿을 씌운 후
코코넛가루를 묻힌 것이 특징이다.

✿ 만들기

1 오븐을 175℃로 예열한다. 사각틀에 유산지를 깐다.

2 볼에 달걀을 넣고 설탕을 2~3번에 나누어 넣으며 핸드믹서의 높은 단에서 달걀 거품을 떨어뜨렸을 때 자국이 3초 이상 유지될 때까지 휘핑한다.

3 체 친 박력분, 베이킹파우더를 넣고 주걱으로 아래에서 위로 뒤집듯이 재빨리 섞는다.

4 녹인 버터와 바닐라 익스트랙을 섞은 후 볼 옆면을 타고 흐르듯이 넣어주며 주걱으로 아래에서 위로 뒤집듯이 섞는다.

5 ①의 틀에 반죽을 채운다. 175℃로 예열된 오븐의 가운데 칸에서 25분간 굽는다.

6 틀에서 꺼낸 후 뒤집어 식힘망에 올려 완전히 식힌다.

✿ 가나슈 장식하기

7 스펀지케이크를 빵칼로 2등분한다.

8 한쪽 면에 딸기잼을 바른 후 나머지 스펀지케이크로 덮는다.

9 빵칼로 먹기 좋은 크기로 썬다.

10 냄비에 생크림을 넣어 중약 불에서 가장자리가 살짝 끓어오를 때까지 끓인다.

11 불을 끄고 다크 커버춰 초콜릿을 넣은 후 주걱으로 가운데부터 저어가며 녹인 후 버터를 넣고 녹인다.

12 ⑪의 가나슈에 완전히 담가 묻힌 후 굳기 전에 코코넛슬라이스에 굴려 묻힌다.

↓ 너무 많이 섞거나 시간이 지체되면
거품이 꺼질 수 있으니 재빨리 섞어요.

↑ 반죽을 채운 틀을 가볍게 바닥에 내리치면
반죽 속의 공기가 빠져 조직이 일정하게 구워져요.

필링을 색다르게

딸기잼 대신 동량의 라즈베리잼, 블루베리잼, 사과잼 등을 발라 만들어도 좋아요.

↓ 잼을 바른 후 다진 견과류를 뿌려도 좋아요.

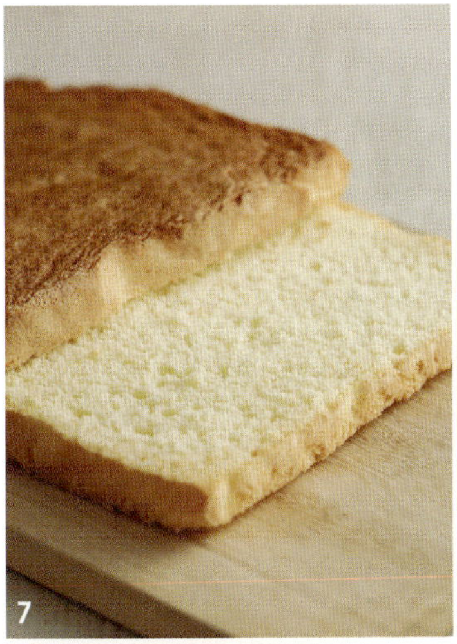

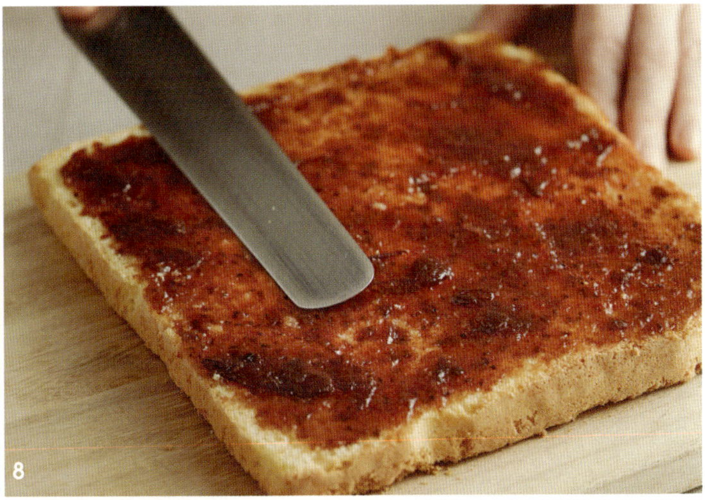

모양을 예쁘게

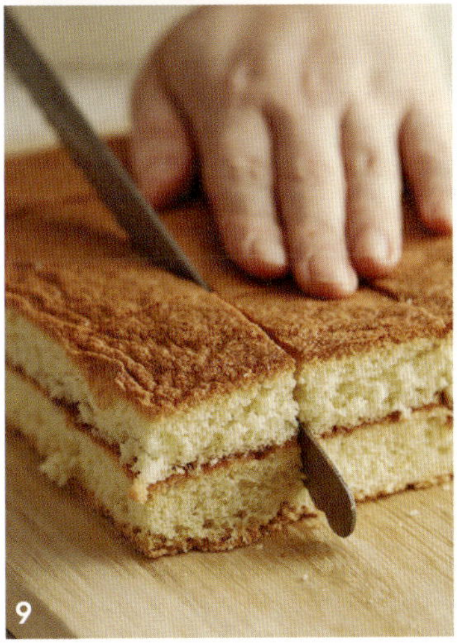

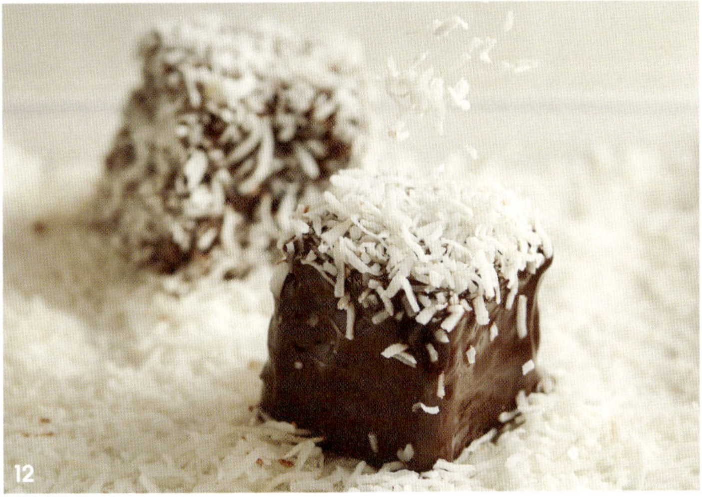

과정 ⑧에서 다양한 모양의 쿠키커터를 이용해 케이크를 찍어낸 후 가나슈와 코코넛슬라이스를 묻히면 다양한 모양으로 만들 수 있어요.

기쁜날
축하해요

생일, 기념일, 성년의 날, 집들이 등 기쁜 날에는
디저트가 빠질 수 없죠. 모두 함께
나눠 먹을 수 있는 케이크와 특별한 디저트가
그 순간을 빛내준답니다. 받는 사람을 생각하며 정성껏 만든
마음 씀씀이만큼 기쁨도 클 거예요.

Vanilla chiffon

폭신폭신 바닐라 시폰

달콤한 바닐라 향과 폭신한 식감으로 모두에게 사랑받는 케이크랍니다. 심플한 모양이 멋스러워요.

포장법
24P

🕐 1시간

🥄 지름 15cm 시폰틀(1호) 1개분

🫙 3일간 냉장 보관

재료
- 달걀노른자 3개분
- 달걀흰자 3개분
- 설탕 50g + 50g
- 포도씨유 50g
- 우유 50g
- 바닐라 익스트랙 3~5방울
- 중력분 100g
- 베이킹파우더 1/4작은술

바닐라크림
- 생크림 300g
- 설탕 30g
- 바닐라 익스트랙 3~5방울

★ 만들기

1 오븐을 170℃로 예열한다. 볼에 달걀노른자를 넣고 핸드믹서의 중간 단에서
   설탕(50g)을 2~3번에 나누어 넣으며 반죽이 2배로 부풀고
   아이보리 색이 될 때까지 휘핑한다.

2 포도씨유를 볼 옆면을 타고 흐르듯이 넣으며 섞은 후
   우유, 바닐라 익스트랙을 넣고 섞는다.

3 체 친 중력분, 베이킹파우더를 넣고 주걱으로 아래에서 위로 뒤집듯이 재빨리 섞는다.

4 다른 볼에 달걀흰자를 넣고 설탕(50g)을 2~3번에 나누어 넣으며
   핸드믹서의 중간 단에서 거품기로 들어 올렸을 때 끝이 살짝 휘어지는
   삼각뿔 모양이 될 때까지 휘핑해 머랭을 만든다.

5 ③에 ④의 머랭을 두 번에 나눠 넣고 주걱으로 머랭이 꺼지지 않도록 살살 섞는다.

6 분무기로 시폰틀에 골고루 물을 뿌린다.

7 시폰틀에 반죽을 채우고 젓가락으로 휘저어 반죽 속의 큰 기포를 제거한다.

8 170℃로 예열된 오븐의 가운데 칸에서 30~32분간 굽는다.
   틀째로 거꾸로 뒤집어 완전히 식힌다.

9 시폰틀 가장자리에 스패튤라를 넣고 조심히 돌려가며 시폰을 떼어낸다.

★ 바닐라크림 장식하기

10 볼에 바닐라크림 재료를 모두 넣고 핸드믹서의 중간 단에서 거품기로
    들어 올렸을 때 뾰족한 삼각뿔 모양이 될 때까지 단단하게 휘핑한다.

11 시폰 윗면에 크림을 올리고 스패튤라로 펴 바른다.

12 스패튤라를 수직으로 세우고 45°로 벌린 후 돌림판을 돌려가며 옆면에 크림을 바른다.
    윗면 가장자리는 스패튤라를 밖에서 안으로 스치듯 움직여 매끈하게 정리한다.

13 가운데 구멍에 스패튤라를 수직으로 넣고 돌려가며 크림을 바른다.
    가운데 튀어나온 크림은 안에서 밖으로 스치듯 움직여 매끈하게 정리한다.

↓ 너무 많이 섞거나 시간이 지체되면
거품이 꺼질 수 있으니 재빨리 섞어요.

↑ 물을 뿌리고 구우면
틀에서 시폰이 잘 떨어져요.

다양한 맛의 시폰 만들기

과정 ③에서 녹차가루(또는 홍차가루, 코코아가루) 1큰술을 가루 재료와 함께
체 쳐 넣고 동일한 방법으로 만들면 다양한 맛의 시폰을 만들 수 있어요.

↑ 돌림판이 없다면 평편한 그릇에 올리고 발라요.

Cream cheese streusel tart

크림치즈 소보로타르트

바삭하고 고소한 타르트, 부드럽고 진한 크림치즈, 달콤한 소보로의 세 가지 맛과 식감을 즐길 수 있답니다.

포장법
24, 25p

⏱ 1시간 10분(+ 휴지시키기 1시간)
🥧 지름 16cm 타르트틀 1개분
🫙 3일간 냉장 보관

재료
- 실온에 둔 버터 50g
- 슈가파우더 20g
- 소금 1/8작은술
- 달걀노른자 1개분
- 생크림 1큰술
- 박력분 100g

소보로
- 실온에 둔 버터 30g
- 실온에 둔 땅콩버터 10g
- 설탕 30g
- 소금 1/5작은술
- 박력분 50g
- 베이킹파우더 1/5작은술

크림치즈 필링
- 크림치즈 150g
- 설탕 40g
- 달걀 40g
- 떠먹는 플레인 요구르트 50g
- 전분가루 10g
- 바닐라 익스트랙 1방울

★ 만들기

1 볼에 버터를 넣어 핸드믹서의 낮은 단에서 부드러운 크림 상태가 될 때까지 푼다.

2 슈가파우더, 소금을 넣고 슈가파우더가 섞일 때까지 섞은 후
달걀노른자, 생크림을 넣어 반죽이 매끄러워질 때까지 섞는다.

3 체 친 박력분을 넣고 완전히 섞여 보이지 않을 때까지 주걱으로 자르듯이 섞는다.

4 반죽을 위생팩에 넣어 납작하게 누른 후 냉장실에서 30분간 휴지시킨다.

5 도마에 비닐을 깔고 반죽을 올린 후 0.5cm 두께가 되도록 밀어 편다.

6 반죽을 타르트틀 안에 넣은 후 바닥과 옆면을 손으로 살살 눌러가며 붙인다.
타르트틀째 위생팩에 넣어 냉장실에서 30분간 휴지시킨다.

7 오븐을 175℃로 예열한다. 포크로 바닥 가장자리와 중간중간에 구멍을 낸다.

8 175℃로 예열된 오븐의 가운데 칸에서 10분간 굽는다. 틀째로 식힘망에 올려 식힌다.

★ 소보로 만들기

9 볼에 버터, 땅콩버터를 넣어 핸드믹서의 낮은 단에서 부드러운 크림 상태가
될 때까지 푼 후 설탕, 소금을 넣고 설탕 입자가 보이지 않을 때까지 섞는다.

10 체 친 박력분, 베이킹파우더를 넣고 보슬보슬한 상태가 될 때까지
주걱으로 자르듯이 섞는다. 위생팩에 넣어 냉장 보관한다.

★ 크림치즈 필링 만들기

11 볼에 크림치즈를 넣어 핸드믹서의 낮은 단에서 부드러운 크림 상태가 될 때까지 푼 후
설탕을 2~3번에 나누어 넣으며 설탕 입자가 보이지 않을 때까지 섞는다.

12 달걀, 떠먹는 플레인 요구르트를 넣고 섞은 후
전분가루, 바닐라 익스트랙을 넣고 골고루 섞는다.

13 완전히 식은 타르트에 크림치즈 필링을 채운다.
175℃로 예열된 오븐의 가운데 칸에서 15분간 굽는다.

14 오븐에서 꺼내어 ⑩의 소보로를 올리고 15분간 더 굽는다.
틀째로 식힘망에 올려 완전히 식힌다.

↓ 반죽이 달라 붙으면 중간중간
　박력분을 뿌려요.

5	6	7
9	10	11

고소하게 만들기

과정 ⑭에서 소보로와 다진 견과류(호두, 피칸, 아몬드 등) 2큰술을 함께 올려 구우면 더 고소한 타르트를 만들 수 있어요.

↓ 소보로가 덩어리져 있다면 넣기 전에
손으로 보슬보슬하게 부셔 넣어요.

↑ 크림치즈 필링을 평평하게 넣어요.

very berry tart

베리 베리타르트

타르트 위에 딸기와 크림치즈 필링이 가득! 사랑스러운 맛과 모양으로 여성들의 취향을 저격하는 디저트예요.

포장법 24, 25p

- ⏱ 1시간(+ 휴지시키기 1시간)
- 🥣 지름 16cm 타르트틀 1개분
- 🫙 2일간 냉장 보관

재료
- 실온에 둔 버터 50g
- 슈가파우더 20g
- 소금 1/8작은술
- 달걀노른자 1개분
- 생크림 1큰술
- 박력분 100g
- 딸기 10개
- 블루베리 10개
- 슈가파우더 약간

크림치즈 필링
- 크림치즈 100g
- 설탕 50g
- 사워크림(또는 떠먹는 플레인 요구르트) 30g
- 생크림 50g

★ 만들기

1 볼에 버터를 넣고 핸드믹서의 낮은 단에서 부드러운 크림 상태가 될 때까지 푼다.

2 슈가파우더, 소금을 넣어 슈가파우더가 섞일 때까지 섞은 후 달걀노른자, 생크림을 넣고 반죽이 매끄러워질 때까지 섞는다.

3 체 친 박력분을 넣고 완전히 섞여 보이지 않을 때까지 주걱으로 자르듯이 섞는다.

4 반죽을 위생팩에 넣어 납작하게 누른 후 냉장실에서 30분간 휴지시킨다.

5 도마에 박력분(약간)을 뿌리고 반죽을 올린 후 0.5cm 두께가 되도록 밀어 편다.

6 반죽을 타르트틀 안에 넣은 후 바닥과 옆면을 손으로 살살 눌러가며 붙인다.

7 타르트틀째 위생팩에 넣어 냉장실에서 30분간 휴지시킨다.

8 오븐을 175℃로 예열한다. 포크로 바닥 가장자리와 중간중간에 구멍을 낸다.

9 175℃로 예열된 오븐의 가운데 칸에서 20분간 굽는다. 틀째로 식힘망에 올려 완전히 식힌다.

★ 크림치즈 필링 장식하기

10 볼에 크림치즈를 넣어 핸드믹서의 낮은 단에서 부드러운 크림 상태가 될 때까지 푼 후 설탕, 사워크림을 넣고 설탕 입자가 보이지 않을 때까지 섞는다.

11 다른 볼에 생크림을 넣고 핸드믹서의 중간 단에서 거품기로 들어 올렸을 때 끝이 살짝 휘어지는 삼각뿔 모양이 될 때까지 휘핑한다.

12 ⑩의 볼에 ⑪을 2~3번에 나누어 넣으며 주걱으로 골고루 섞는다.

13 장식용 크림치즈 필링을 조금 덜어둔 후 타르트에 크림치즈 필링을 채우고 주걱으로 윗면을 평평하게 한다.

14 원형 깍지를 끼운 짤주머니에 크림치즈 필링을 넣는다. 타르트 가장자리에 동그랗게 짠 후 딸기, 블루베리를 올리고 슈가파우더를 뿌린다. 먹기 직전에 틀에서 분리한다.

↓ 주걱으로 자르듯이 섞어야 바삭한
식감의 타르트를 만들 수 있어요.

↓ 비닐을 깔고 밀어펴도 좋아요.

청포도타르트 만들기
딸기 대신 청포도를 올려 만들어도 좋아요. 청포도의 새콤한 맛이 크림치즈 필링과 잘 어울려요.

Ice cream cone cake

레시피
138쪽

아이스크림 콘 케이크

아이스크림이 아니에요! 초콜릿 반죽과 마스카르포네 크림으로 만든 유니크한 케이크랍니다. 아이들이 특히 좋아해요.

🕐 50분
🍪 콘 10개분
🧊 3일간 냉장 보관

재료
- 콘 10개
- 생크림 150g
- 다크 커버춰 초콜릿 다진 것 100g
- 설탕 100g
- 달걀 1개
- 박력분 100g
- 코코아가루 10g
- 베이킹파우더 1작은술

마스카르포네크림
- 마스카르포네 치즈 180g
- 생크림 300g
- 설탕 55g

★ 아이스크림 콘 구입처
온라인 베이킹 몰 또는
오프라인 프랜차이즈 햄버거
매장에서 구입할 수 있다.

★ 만들기

1 오븐을 150℃로 예열한다. 냄비에 생크림을 넣어 중간 불에서 가장 자리가 살짝 끓어오를 때까지 끓인 후 불을 끈다. 다크 커버춰 초콜릿을 넣고 거품기로 저어가며 녹인다.

2 설탕을 넣고 거품기로 골고루 저어 설탕을 녹인 후 한 김 식힌다.

3 달걀의 멍울을 푼 후 ②에 넣고 재빨리 섞는다.

4 체 친 박력분, 코코아가루, 베이킹파우더를 넣고 가루 재료가 보이지 않을 때까지 섞는다.

5 짤주머니에 반죽을 넣고 끝의 2.5cm 지점을 가위로 자른다. 콘의 70%까지 반죽을 채운다.

6 오븐 팬에 콘을 올린다. 150℃로 예열된 오븐의 가운데 칸에서 25분간 구운 후 식힘망에 올려 식힌다.

★ 마스카르포네크림 장식하기

7 볼에 마스카르포네 치즈를 넣어 핸드믹서의 낮은 단에서 부드럽게 푼다.

8 다른 볼에 생크림을 넣고 설탕을 2~3번에 나누어 넣으며 핸드믹서의 중간 단에서 거품기로 들어 올렸을 때 끝이 살짝 휘어지는 삼각뿔 모양이 될 때까지 휘핑한다.

9 ⑦에 ⑧을 2~3번에 나누어 넣으며 주걱으로 골고루 섞는다.

10 별깍지를 끼운 짤주머니에 마스카르포네크림을 넣고 콘 위에 아이스크림 모양으로 짠다.

↓ 달걀이 익기 전에 재빨리 섞어요.

포장법
26p

맛을 색다르게

과정 ⑦에서 마스카르포네크림에 녹차가루 또는 코코아가루 1큰술을 넣고 섞으면
색다른 맛의 아이스크림 콘 케이크를 만들 수 있어요.

깔루아 티라미수

평범한 티라미수는 가라! 깔루아를 넣어 풍미를 더한 어른들을 위한 디저트랍니다.

포장법
24, 28p

🕐 30분
🍪 15×22cm 사각틀 1개분
🫙 3일간 냉장 보관

재료
- 시판 카스텔라 1개
- 마스카르포네 치즈 250g
- 생크림 250g
- 설탕 50g
- 코코아가루 약간

깔루아시럽
- 깔루아 50g
- 물 50g

★ **만들기**

1 카스텔라는 1cm 두께로 썬다. 볼에 깔루아시럽 재료를 넣고 섞는다.

2 볼에 마스카르포네 치즈를 넣어 핸드믹서의 낮은 단에서 부드럽게 푼다.

3 다른 볼에 생크림을 넣고 설탕을 2~3번에 나누어 넣으며 핸드믹서의 중간 단에서 핸드믹서 자국이 살짝 남을 정도의 부드러운 상태로 휘핑한다.

4 ②에 ③을 2~3번에 나누어 넣으며 주걱으로 골고루 섞는다.

5 사각틀에 카스텔라를 깔고 깔루아시럽을 바른다.

6 ④의 크림을 채우고 스패튤라로 윗면을 평평하게 정리한 후 코코아가루를 뿌린다.

깔루아 대체하기

깔루아 대신 에스프레소 3큰술을 넣고 만들면 진한 커피 맛의 티라미수를 만들 수 있어요.

↓ 핸드믹서 자국이 살짝 날 정도로만
  휘핑해야 크림의 식감이 부드러워요.

1	2	3
4	5	6

모양을 색 다르게

카스텔라를 1cm 두께로 2장 슬라이스한 후 카스텔라 → 크림 → 카스텔라 → 크림 순으로
올려 2단으로 만들어도 좋아요.

chocolate rum mousse

레시피
144쪽

초콜릿 럼 무스

초콜릿과 럼의 풍미, 입안 가득 퍼지는 달콤함까지! 달달한 것을 좋아하는 친구에게 만들어주세요.

🕐 40분(+ 굳히기 1시간 30분)

🍪 지름 15cm 무스틀 1개분

🫙 3일간 냉장 보관

재료

• 초콜릿 스펀지케이크
  (또는 시판 초콜릿 카스텔라)
  지름 15cm, 두께 1cm 1장
• 우유 80g + 20g
• 다크 커버춰 초콜릿 다진 것 150g
• 생크림 200g
• 판 젤라틴 2와 1/2장

럼시럽

• 물 30g
• 럼 30g
• 설탕 20g

가나슈

• 다크 커버춰 초콜릿 다진 것 50g
• 생크림 50g
• 물엿 10g

★ 럼(Rum)

당밀이나 사탕수수의 즙을 발효시켜
증류한 술로, 케이크에 향과 풍미를
더한다. 온라인 베이킹 몰 또는
베이킹 매장에서 구입할 수 있다.

★ 시럽 만들기

1 냄비에 럼시럽 재료를 모두 넣어 중간 불에서 바글바글 끓인 후 완전히 식힌다.

★ 만들기

2 무스틀에 무스띠를 두른다. 찬물에 판 젤라틴을 넣고 20분간 불린다.

3 냄비에 우유(80g)를 넣고 중간 불에서 가장자리가 살짝 끓어오를 때까지 끓인 후 불을 끈다. 다크 커버춰 초콜릿을 넣고 주걱으로 저어가며 녹인 후 체온 정도의 온도가 될 때까지 식힌다.

4 다른 볼에 생크림을 넣어 핸드믹서의 중간 단에서 핸드믹서 자국이 살짝 남을 정도의 부드러운 상태로 휘핑한다.

5 내열용기에 우유(20g)를 넣고 전자레인지(700W)에서 30초간 데운 후 물기를 꼭 짠 젤라틴을 넣고 녹인다.

6 ④에 ③을 넣어 주걱으로 골고루 섞은 후 ⑤를 넣고 재빨리 섞는다.

7 ②의 틀에 초콜릿 스펀지케이크를 넣고 럼시럽을 바른다.

8 ⑥을 채운 후 주걱으로 윗면을 평평하게 만든다. 냉장실에서 1시간 이상 굳힌다.

★ 가나슈 장식하기

9 냄비에 생크림을 넣어 중간 불에서 가장자리가 살짝 끓어오를 때까지 끓인 후 불을 끈다. 다크 커버춰 초콜릿을 넣고 주걱으로 저어가며 녹인 후 물엿을 넣고 섞는다. 체온 정도의 온도가 될 때까지 식힌다.

10 ⑧위에 붓고 냉장실에서 30분간 굳힌 후 무스틀을 분리한다.

↓ 흐물흐물해질 때까지 불려요.

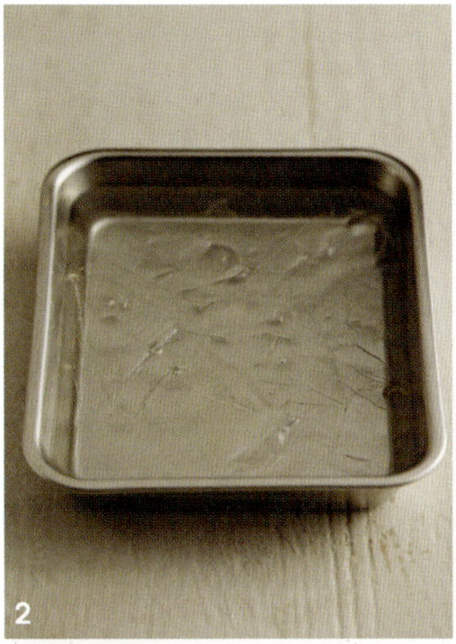
2

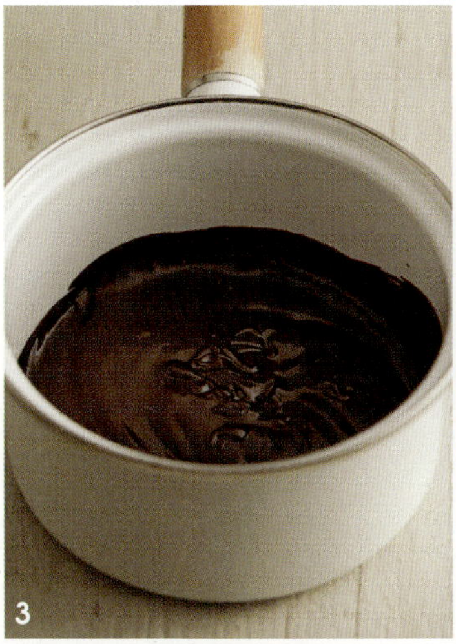
3

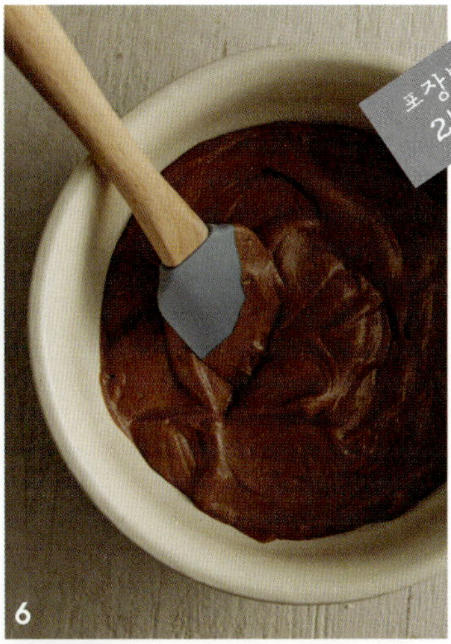
6

포장법 24p

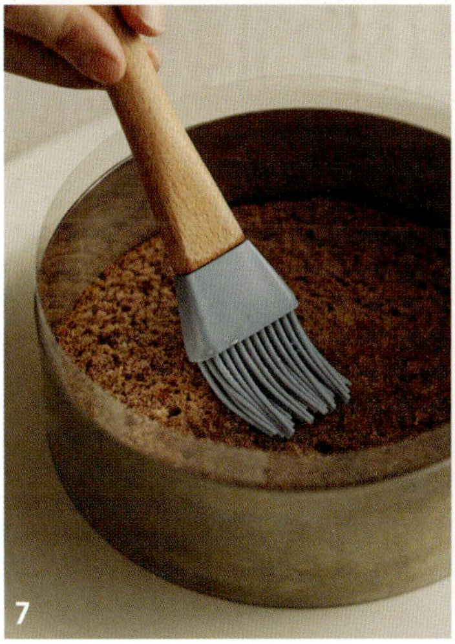
7

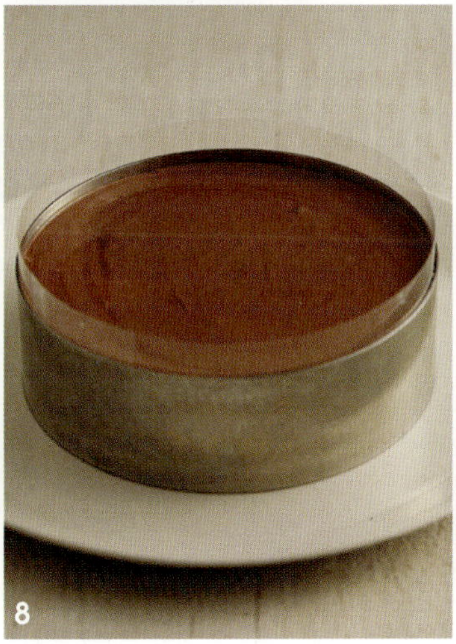
8

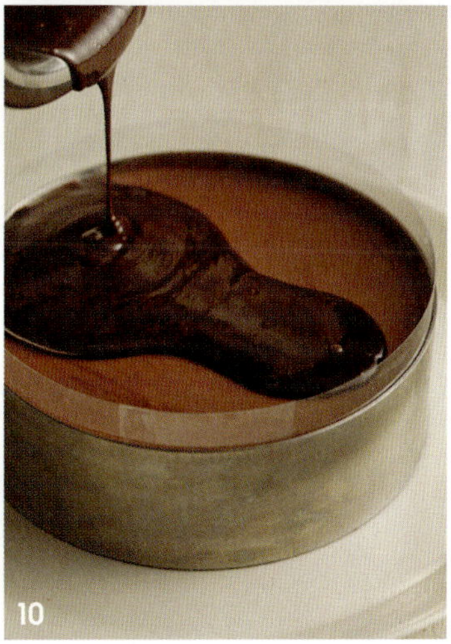
10

초콜릿 스펀지케이크 만들기

초콜릿 몽키 케이크의 초콜릿 스펀지케이크(62쪽 참고)로 만들면 좋아요.
남은 초콜릿 스펀지케이크는 냉동 보관 후 실온 해동하고 슬라이스해 사용하세요.

Blueberry poundcake

레시피
148쪽

Gugelhopf cake

레시피
150쪽

촉촉한 블루베리 파운드케이크

부드러운 케이크 안에서 톡톡 씹히는 새콤한 블루베리, 달콤한 아이싱이 입안 가득 행복을 전해줘요.

🕐 1시간 10분

◔ 11×25cm 파운드케이크틀 1개분

🍰 5일간 실온 보관

재료
- 건조 블루베리 50g
- 실온에 둔 버터 200g
- 설탕 170g
- 소금 1/8작은술
- 실온에 둔 달걀 3개
- 꿀 3큰술
- 사워크림(또는 떠먹는 플레인 요구르트) 3큰술
- 박력분 200g
- 블루베리파우더 15g
- 베이킹파우더 1작은술
- 블루베리 30g

슈가파우더 아이싱
- 슈가파우더 70g
- 우유 4작은술

★ 만들기

1 파운드케이크틀에 유산지를 깐다.

2 오븐을 175℃로 예열한다. 건조 블루베리는 잠길 만큼의 따뜻한 물에 10분간 불린 후 키친타월로 감싸 물기를 최대한 없앤다.

3 볼에 버터를 넣어 핸드믹서의 낮은 단에서 부드러운 크림 상태가 될 때까지 푼다.
★ 볼 옆면에 붙은 버터가 삼각뿔 모양이 되면 잘 풀어진 거예요.

4 설탕, 소금을 2~3번에 나누어 넣으며 설탕 입자가 보이지 않을 때까지 섞는다.

5 달걀을 1개씩 넣어가며 중간 단에서 골고루 섞은 후 꿀, 사워크림을 넣고 섞는다.

6 체 친 박력분, 블루베리파우더, 베이킹파우더를 넣고 80% 정도 섞일 때까지 주걱으로 자르듯이 섞는다.
★ 이때, 너무 많이 섞으면 식감이 질겨지니 주의하세요.

7 블루베리를 넣어 주걱으로 골고루 섞는다.

8 ①의 틀에 반죽을 채운 후 사진처럼 젓가락으로 휘저어 반죽 속의 큰 기포를 제거한다.

9 175℃로 예열된 오븐의 가운데 칸에서 45분간 구운 후 틀에서 꺼내 식힘망에 올려 식힌다.
★ 파운드케이크는 10분간 구운 후 가운데 칼집을 내고 구우면 예쁘게 구워져요.

★ 슈가파우더 아이싱 장식하기

10 볼에 슈가파우더와 우유를 넣어 골고루 섞는다.

11 파운드케이크 윗면에 슈가파우더 아이싱을 골고루 바른 후 블루베리를 올린다.

포장법
22, 23p

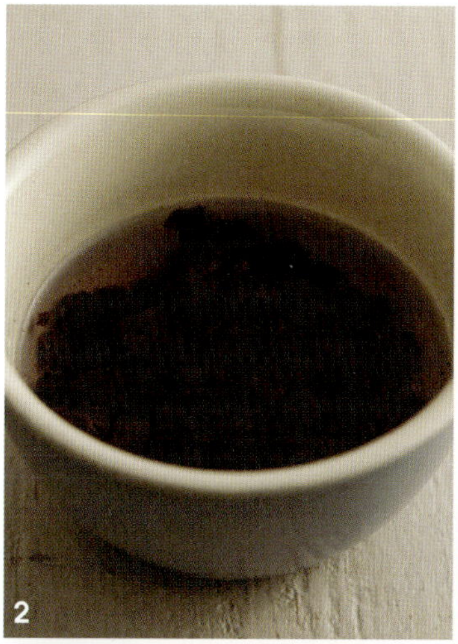

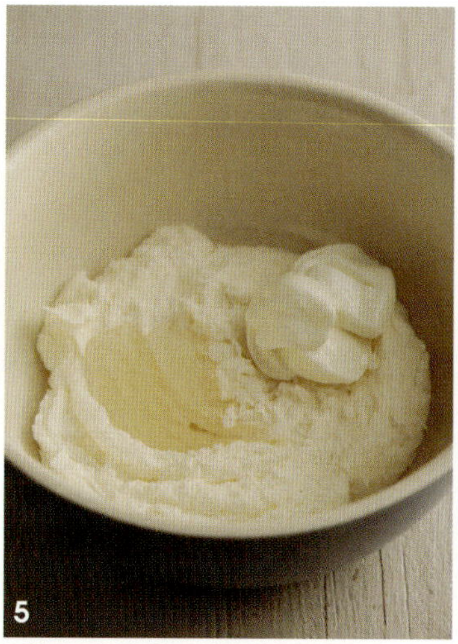

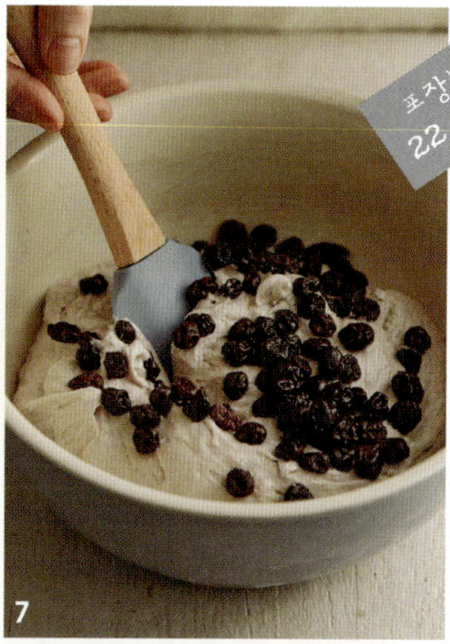

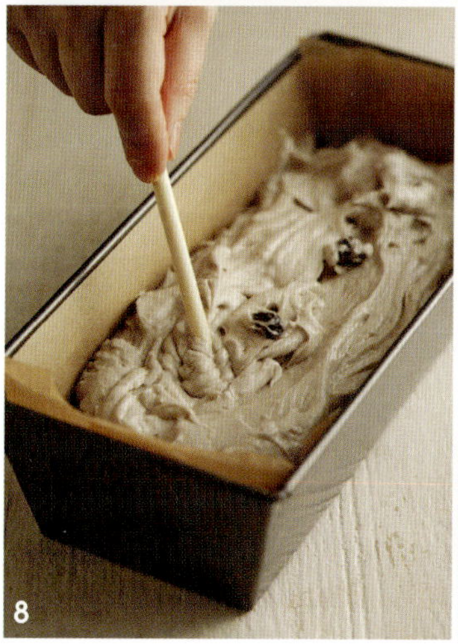

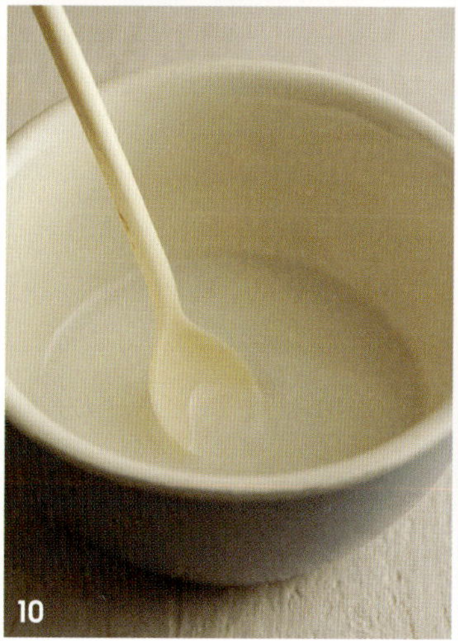

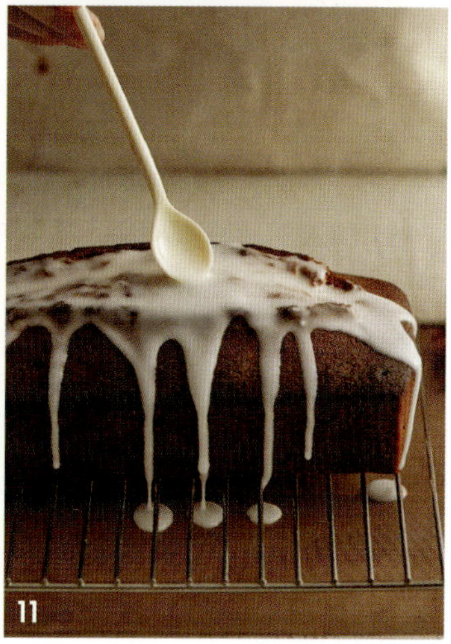

↑ 밑에 유산지(또는 테프론 시트)를 깔고
식힘망 위에 올린 후 발라주면 좋아요.

가나슈로 장식하기

미니 베이크 도넛의 가나슈(215쪽 참고)를 만든 후 과정 ⑪처럼 파운드케이크 위에 발라 장식해도 좋아요.

구겔호프 케이크

왕관 모양의 독특한 무늬의 틀에 구워 장식 없이도 멋진 케이크예요. 특별한 디저트를 선물하고 싶을 때 만들어보세요.

🕐 50분

☁ 지름 20cm 구겔호프틀 1개분

🫙 5일간 실온 보관

재료
- 실온에 둔 버터 160g + 녹인 버터 5g
- 설탕 150g
- 소금 1/8작은술
- 달걀 150g
- 박력분 160g
- 커피가루 10g
- 베이킹파우더 1/2작은술
- 다진 견과류
  (아몬드, 호두, 피스타치오 등) 40g
- 슈가파우더 약간

★ 구겔호프 (Gugelhopf)
오스트리아에서 처음 만들어진 후 독일과 프랑스로 전파되었다. 프랑스 알자스 지방의 대표적인 케이크로, 알자스어로는 쿠겔호프(Kugelhupf)이다. 어원은 독일의 구겔(Gugel 승려모자의 일종)로 모자를 닮은 모양 때문에 구겔호프로 불린다고 전해진다.

★ 만들기

1 구겔호프틀 안쪽에 녹인 버터(5g)를 바른다.

2 오븐을 180℃로 예열한다. 볼에 버터(160g)를 넣어 핸드믹서의 낮은 단에서 부드러운 크림 상태가 될 때까지 푼다.
★ 볼 옆면에 붙은 버터가 삼각뿔 모양이 되면 잘 풀어진 거예요.

3 설탕, 소금을 2~3번에 나누어 넣으며 설탕 입자가 보이지 않을 때까지 섞는다.

4 달걀을 2번에 나누어 넣으며 반죽이 매끄러워질 때까지 섞는다.

5 체 친 박력분, 커피가루, 베이킹파우더를 넣어 80% 정도 섞일 때까지 주걱으로 자르듯이 섞는다.

6 다진 견과류를 넣고 주걱으로 골고루 섞는다.

7 ①의 틀에 반죽을 채운 후 180℃로 예열된 오븐의 가운데 칸에서 30분간 굽는다.

8 틀에서 꺼내 식힘망에 올려 완전히 식힌 후 윗면에 슈가파우더를 뿌린다.

↓ 너무 많이 섞으면 식감이 질겨지니
주의하세요.

포장법
22, 24p

구겔호프틀 대체하기

구겔호프틀이 없다면 11×25cm 파운드케이크틀에 반죽을 넣고
175℃로 예열된 오븐의 가운데 칸에서 45분간 구우세요.

Tea marron cake

레시피
154쪽

레시피
156쪽

Hawaiian coconut cake

홍차 마롱케이크

은은한 홍차 향과 달콤한 밤의 풍미를 즐길 수 있어요. 차와 함께하면 더욱 맛있답니다.

⏱ 1시간
🥣 지름 15cm 원형틀(1호) 1개분
🫙 3일간 냉장 보관

재료
- 달걀 100g
- 설탕 55g
- 박력분 55g
- 베이킹파우더 1/3작은술
- 녹인 버터 20g
- 바닐라 익스트랙 1/3작은술
- 삶은 밤(또는 시판 맛밤) 7개

홍차시럽
- 물 50g
- 설탕 50g
- 홍차가루(또는 홍차 티백)
  1/3작은술

마롱크림
- 마롱 페이스트 150g
- 마스카르포네 치즈 70g
- 생크림 40g

홍차크림
- 생크림 300g
- 홍차가루(또는 홍차 티백)
  1/3작은술
- 설탕 30g

★ 홍차시럽, 홍차크림 만들기

1 냄비에 홍차시럽 재료를 모두 넣어 중간 불에서 바글바글 끓인 후 완전히 식힌다. 체에 밭쳐 홍차가루를 걸러낸다.

2 볼에 홍차크림의 생크림(300g)과 홍차가루를 넣어 냉장실에서 30분 이상 우려낸 후 체에 밭쳐 홍차가루를 걸러낸다.

★ 만들기

3 오븐을 175℃로 예열한다. 원형틀에 유산지를 깐다.

4 볼에 달걀을 넣고 설탕을 2~3번에 나누어 넣으며 핸드믹서의 높은 단에서 달걀 거품을 떨어뜨렸을 때 자국이 3초 이상 유지될 때까지 휘핑한다.

5 체 친 박력분, 베이킹파우더를 넣고 주걱으로 아래에서 위로 뒤집듯이 재빨리 섞는다.

6 녹인 버터와 바닐라 익스트랙을 섞은 후 볼 옆면을 타고 흐르듯이 넣으며 섞는다.

7 ③의 틀에 반죽을 채운다. 175℃로 예열된 오븐의 가운데 칸에서 25분간 굽는다. 틀에서 꺼내 식힘망에 올려 완전히 식힌다. 스펀지케이크는 빵칼로 3등분한다.

★ 크림 장식하기

8 볼에 마롱크림 재료를 넣어 거품기로 골고루 섞는다.

9 다른 볼에 ②의 생크림과 설탕(30g)을 넣고 핸드믹서의 높은 단에서 거품기로 들어 올렸을 때 뾰족한 삼각뿔 모양이 될 때까지 단단하게 휘핑한다.

10 스펀지케이크 1장을 돌림판 위에 올리고 홍차시럽을 바른다. ⑧의 1/2분량을 올리고 스패튤라로 골고루 펴 바른 후 ⑨를 한 주걱 올리고 같은 방법으로 펴 바른다. 이 과정을 한 번 더 반복한다.

11 나머지 스펀지케이크를 올리고 시럽을 바른다. ⑨의 크림을 올리고 스패튤라로 크림을 살짝 누른다는 느낌으로 돌림판을 돌려가며 매끄럽게 펴 바른다.

12 스패튤라를 수직으로 세우고 45°로 벌린 후 돌림판을 돌려가며 옆면에 크림을 바른다. 윗면 가장자리는 스패튤라를 밖에서 안으로 스치듯 움직여 매끈하게 정리한다.

13 줄무늬 스크래퍼를 윗면에 고정하고 돌림판을 돌려가며 무늬를 낸 후 밤을 올린다.

↓ 너무 많이 섞거나 시간이 지체되면
거품이 꺼질 수 있으니 재빨리 섞어요.

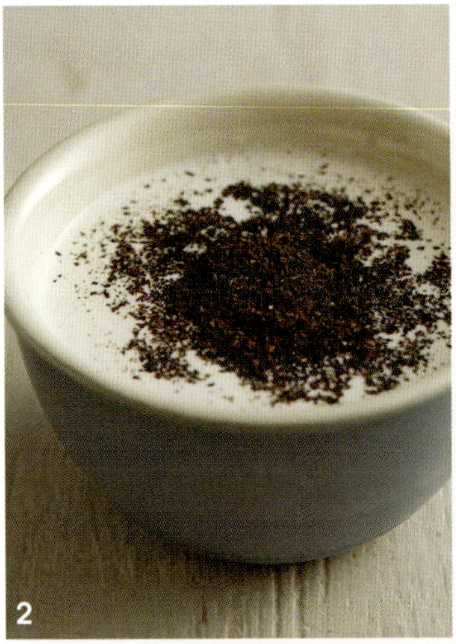
2

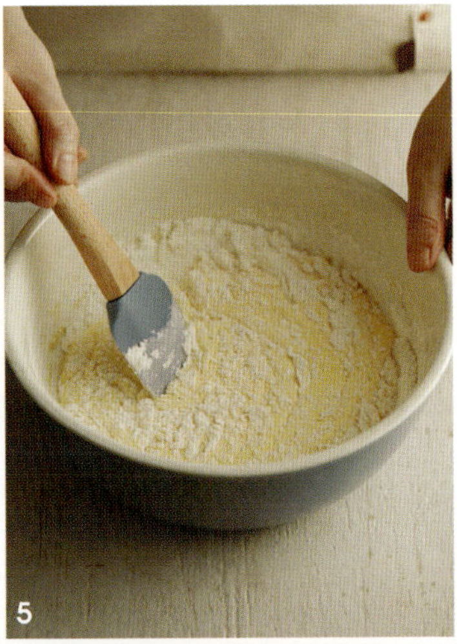
5

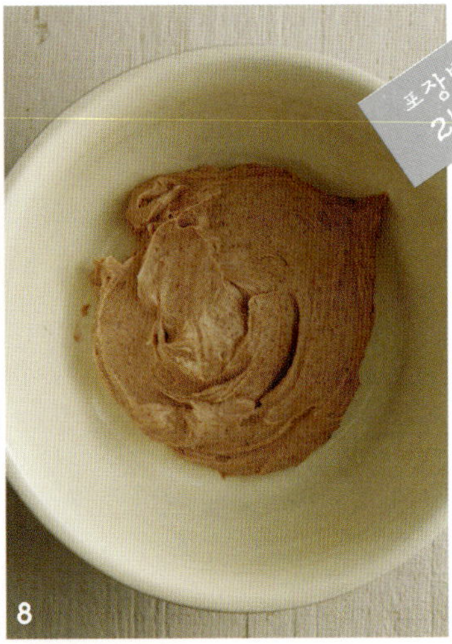
8

포장법 24p

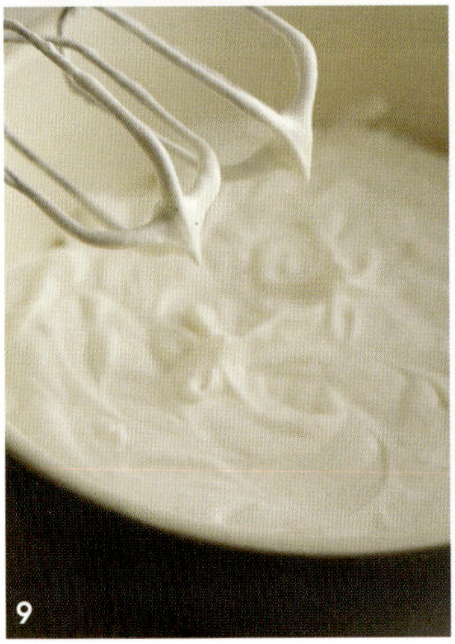
9

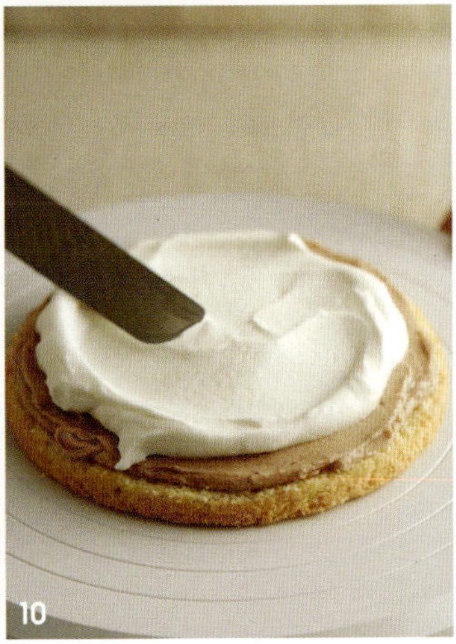
10

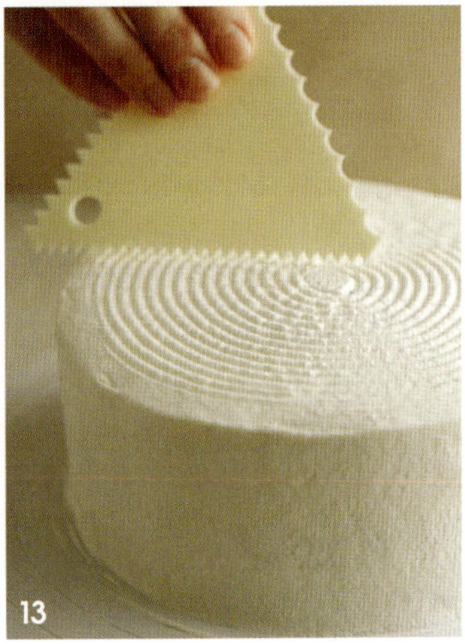
13

마롱 페이스트 만들기

1. 푸드프로세서에 삶은 밤 350g, 물 350g을 넣고 곱게 간다.
2. 냄비에 ①, 흑설탕 100g, 물엿 10g을 넣고 중간 불에서 끓어오르면 약한 불로 줄여 30분간 주걱으로 저어가며 걸쭉해질 때까지 끓인다.
3. 체에 곱게 내려 마롱 페이스트를 만든다.

하와이 코코넛케이크

바나나와 코코넛 향이 가득한 하와이의 정취를 느낄 수 있는 케이크입니다. 코코넛 장식으로 특별함을 더했어요.

⏱ 1시간
🕐 지름 15cm 원형틀(1호) 1개분
🍰 3일간 냉장 보관

재료
- 바나나 150g
- 달걀 100g
- 황설탕 90g
- 포도씨유 75g
- 바나나 익스트랙 1/5작은술
  (생략 가능)
- 박력분 110g
- 베이킹파우더 1/3작은술
- 코코넛슬라이스 50g

코코넛크림
- 생크림 350g
- 설탕 40g
- 코코넛파우더 35g

★ 만들기

1 원형틀에 유산지를 깐다. 바나나는 껍질을 벗긴 후 포크로 곱게 으깬다.

2 오븐을 165℃로 예열한다. 볼에 달걀을 넣고 황설탕을 2~3번에 나누어 넣으며 핸드믹서의 높은 단에서 달걀 거품을 떨어뜨렸을 때 자국이 3초 이상 유지될 때까지 휘핑한다.

3 포도씨유와 바나나 익스트랙을 섞은 후 볼 옆면을 타고 흐르듯이 넣으며 낮은 단에서 부드럽게 섞는다.

4 체 친 박력분, 베이킹파우더를 넣고 주걱으로 아래에서 위로 뒤집듯이 재빨리 섞는다.

5 으깬 바나나를 넣어 주걱으로 골고루 섞는다.

6 ①의 틀에 반죽을 채운다. 165℃로 예열된 오븐의 가운데 칸에서 35~40분간 굽는다.

7 틀에서 꺼내 식힘망에 뒤집어 올려 식힌다. 스펀지케이크는 빵칼로 3등분한다.

★ 코코넛크림 장식하기

8 볼에 생크림과 설탕을 넣고 핸드믹서의 높은 단에서 거품기로 크림을 들어 올렸을 때 뾰족한 삼각뿔 모양이 될 때까지 단단하게 휘핑한다.

9 코코넛파우더를 넣어 주걱으로 가볍게 섞는다.

10 스펀지케이크 1장을 돌림판 위에 올린다. ⑨의 크림을 한 주걱 올리고 돌림판을 돌려가며 스패튤라를 좌우로 움직여 크림을 펴 바른다. 이 과정을 한 번 더 반복한다.

11 나머지 스펀지케이크를 올린다. 크림을 올리고 스패튤라로 크림을 살짝 누른다는 느낌으로 돌림판을 돌려가며 매끄럽게 펴 바른다.

12 스패튤라를 수직으로 세우고 45°로 벌린 후 돌림판을 돌려가며 옆면에 크림을 바른다. 윗면 가장자리는 스패튤라를 밖에서 안으로 스치듯 움직여 매끈하게 정리한다.

13 윗면에 코코넛슬라이스를 뿌린 후 스크래퍼를 이용해 옆면에 붙인다.

↓ 위에서부터 3등분하세요.

포장법
24P

↑ 스크래퍼로 살살 눌러 붙여요.

Carrot cake

레시피
160쪽

Mango rollcake

레시피
162쪽

당근 당근케이크

당근을 듬뿍 넣은 케이크에 새콤한 크림치즈를 더해 맛도 영양도 최고예요. 귀여운 당근 장식이 시선을 사로잡아요.

- ⏱ 1시간
- 🍽 지름 15cm 원형틀(1호) 1개분
- 🧊 3일간 냉장 보관

재료
- 당근 150g
- 실온에 둔 달걀 100g
- 흑설탕 90g
- 포도씨유 75g
- 중력분 110g
- 시나몬파우더 1/3작은술
- 베이킹파우더 1/2작은술
- 다진 호두 40g

크림치즈크림
- 실온에 둔 크림치즈 300g
- 생크림 50g
- 슈가파우더 100g
- 식용 오렌지 색소 1방울
- 식용 그린 색소 1방울

★ 만들기

1 원형틀에 유산지를 깐다. 당근은 푸드프로세서로 사방 0.3cm 크기가 되도록 다진다.

2 오븐을 175℃로 예열한다. 볼에 달걀을 넣고 흑설탕을 2~3번에 나누어 넣으며 핸드믹서의 높은 단에서 달걀 거품을 떨어뜨렸을 때 자국이 3초 이상 유지될 때까지 휘핑한다.

3 포도씨유를 볼 옆면을 타고 흐르듯이 넣으며 낮은 단에서 부드럽게 섞는다.

4 체 친 중력분, 시나몬파우더, 베이킹파우더를 넣고 주걱으로 아래에서 위로 뒤집듯이 재빨리 섞는다.

5 당근, 다진 호두를 넣어 주걱으로 골고루 섞는다.

6 ①의 틀에 반죽을 채운다. 175℃로 예열된 오븐의 가운데 칸에서 30~35분간 굽는다.
   ★ 반죽을 채운 틀을 가볍게 바닥에 내리치면 반죽 속의 공기가 빠져 조직이 일정하게 구워져요.

7 틀에서 꺼내 식힘망에 올려 식힌다. 당근케이크는 빵칼로 3등분한다.

★ 크림치즈크림 장식하기

8 볼에 크림치즈와 생크림을 넣고 슈가파우더를 1~2번에 나누어 넣으며 핸드믹서의 낮은 단에서 부드러운 크림 상태가 될 때까지 섞는다.

9 당근케이크 1장을 돌림판 위에 올린다. 크림을 한 주걱 올리고 돌림판을 돌려가며 스패튤라를 좌우로 움직여 골고루 펴 바른다. 이 과정을 한 번 더 반복한다.

10 나머지 당근케이크를 올린다. 장식용 크림치즈크림을 조금 남겨둔 후 크림을 올려 펴 바른다. 스패튤라를 가운데 고정하고 돌림판을 돌려가며 물결 무늬를 만든다.

11 볼에 장식용 크림을 1/2씩 나눠 담고 각각 오렌지, 그린 색소를 넣어 골고루 섞는다.

12 원뿔 모양으로 접은 삼각형 유산지에 넣고 당근 모양을 짜 장식한다.

↓ 푸드프로세서가 없을 때는 강판에 갈거나 칼로 잘게 다져도 좋아요.

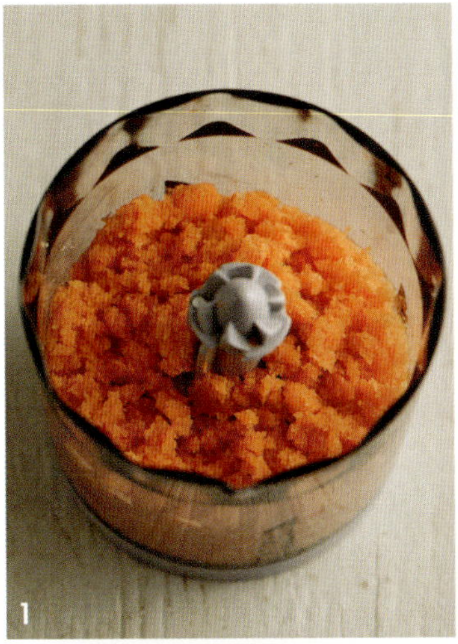

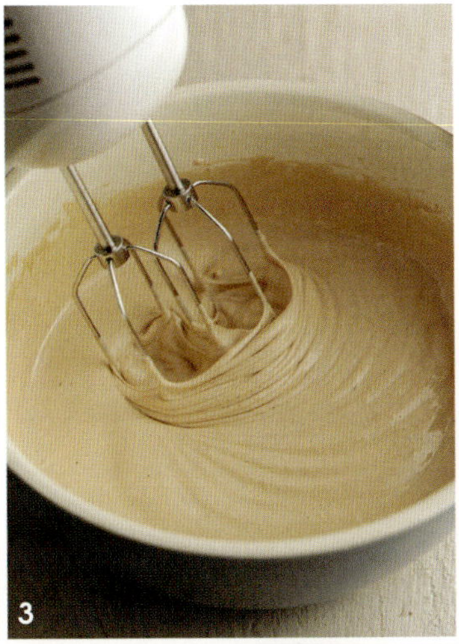

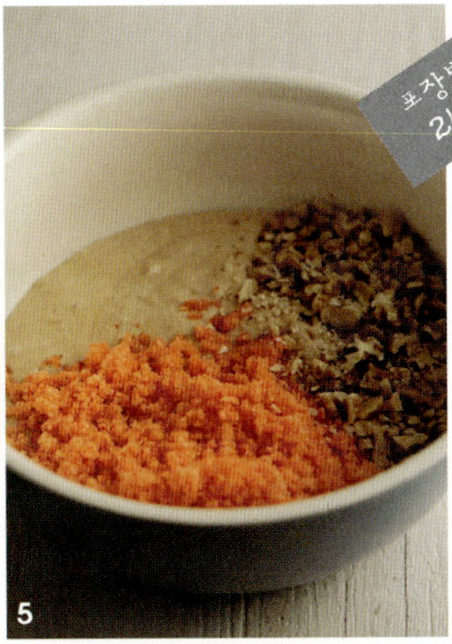

포장법 24p

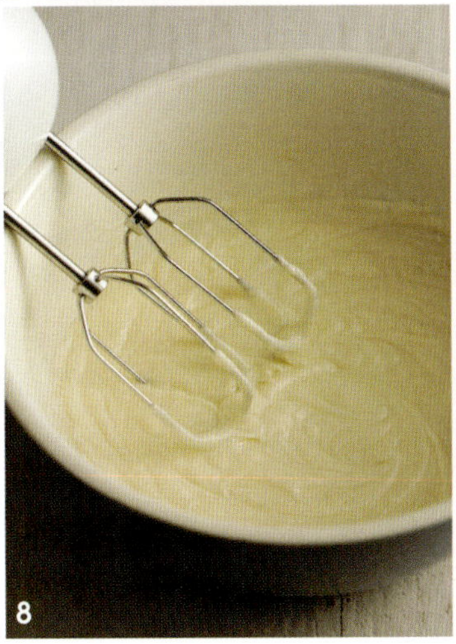

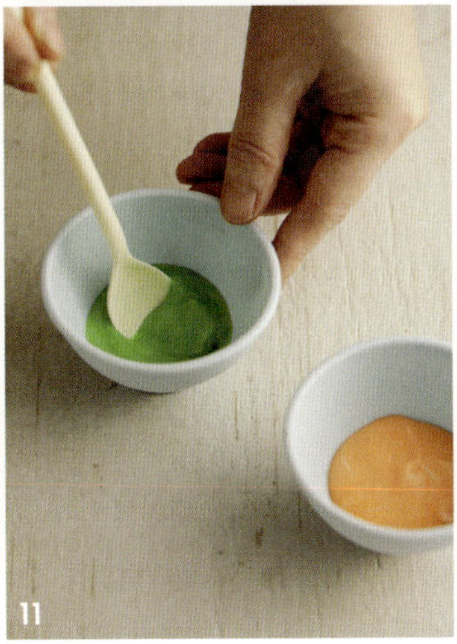

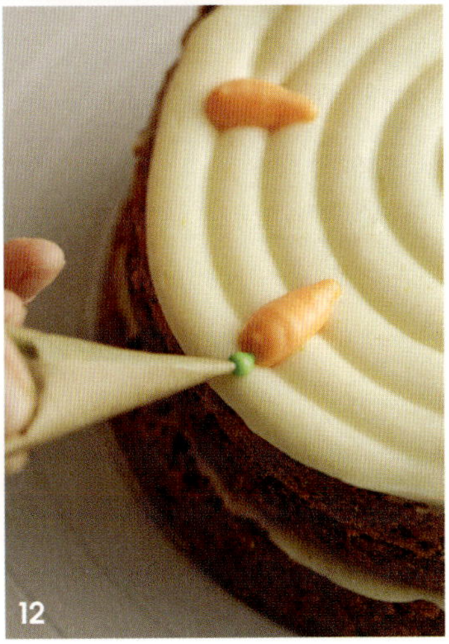

↑ 크림이 너무 부드러우면 잠시 냉장실에 넣어두세요.

↑ 당근 잎은 작은 별깍지로 짜도 좋아요.

당근의 식감을 살리기

동량의 당근을 얇게 채 썬 후 동일한 방법으로 만들면 좀 더 아삭아삭한 당근케이크를 만들 수 있어요.

망고 롤케이크

폭신한 시트 속에 부드러운 크림과 새콤한 망고를 넣었어요. 다양한 제철 과일로 나만의 롤케이크를 만들어도 좋아요.

⏱ 40분(+ 굳히기 30분)

🍥 39×29cm 롤케이크팬 1개분

🫙 3일간 냉장 보관

재료
- 망고 70g
- 달걀노른자 130g
- 달걀흰자 160g
- 설탕 80g
- 소금 1/8작은술
- 박력분 75g
- 베이킹파우더 1/3작은술
- 녹인 버터 20g
- 우유 40g
- 바닐라 익스트랙 1/2작은술

시럽
- 물 70g
- 설탕 70g

필링
- 생크림 150g
- 설탕 15g

★ 시럽 만들기

1 냄비에 시럽용 물과 설탕을 넣어 중간 불에서 바글바글 끓인 후 완전히 식힌다.

★ 만들기

2 롤케이크팬에 유산지를 깐다. 망고는 껍질을 제거하고 사방 1cm 크기로 썬다.

3 오븐을 170℃로 예열한다. 볼에 달걀노른자와 흰자를 넣고 설탕, 소금을 2~3번에 나누어 넣으며 핸드믹서의 높은 단에서 달걀 거품을 떨어뜨렸을 때 자국이 3초 이상 유지될 때까지 휘핑한다.

4 체 친 박력분, 베이킹파우더를 넣고 주걱으로 아래에서 위로 뒤집듯이 재빨리 섞는다.

5 녹인 버터, 우유, 바닐라 익스트랙을 섞은 후 볼 옆면을 타고 흐르듯이 넣으며 주걱으로 아래에서 위로 뒤집듯이 재빨리 섞는다.
★ 볼 바닥에 녹인 버터가 남지 않도록 골고루 섞어요.

6 ②의 팬에 반죽을 채우고 스크래퍼로 반죽을 평평하게 편다. 팬을 바닥에 두 세 번 내리쳐서 거품을 균일하게 정리한다.

7 170℃로 예열된 오븐의 가운데 칸에서 10~12분간 굽는다. 틀에서 꺼내 유산지를 벗긴 후 식힘망에 올려 식힌다.

8 볼에 필링 재료를 넣고 핸드믹서의 높은 단에서 거품기로 들어 올렸을 때 뾰족한 삼각뿔 모양이 될 때까지 단단하게 휘핑한다.

9 시트 윗면에 시럽을 바른 후 ⑧의 크림을 올리고 스패튤라를 좌우로 움직여 펴 바른다.

10 망고를 골고루 올린 후 김밥을 말듯이 돌돌 만다. 유산지로 감싸 냉장실에서 30분 이상 굳힌다.

포장법
24p

4	6	7
8	9	10

2cm

↑ 롤케이크를 말 때 생크림이 뒤로 밀리니
　윗쪽에 2cm 정도의 공간을 남겨 두세요.

↑ 재빨리 말아야 찢어지거나
　갈라짐이 생기지않아요.

제철 과일 사용하기

망고 대신 동량의 딸기, 청포도, 바나나 등의 다양한 제철 과일로 응용 가능해요.
단 수분이 많은 과일은 키친타월로 감싸 물기를 제거한 후 넣어주세요.

Marshmallow
chocolate pizza

마시멜로 초콜릿피자

초콜릿, 마시멜로, 아몬드의 환상 조합! 만들기도 쉽고 먹기도 편한 디저트 피자랍니다.

⏱ 30분

🌙 2개분(지름 20cm)

🫙 2일간 실온 보관

재료
- 박력분 50g
- 녹인 버터 20g
- 우유 2큰술
- 소금 1/8작은술
- 아몬드 슬라이스 2큰술
- 마시멜로 50g

가나슈
- 생크림 30g
- 다크 커버춰 초콜릿 다진 것 40g

★ **만들기**

1 볼에 박력분, 녹인 버터, 우유, 소금을 넣어 부드러운 상태의 한 덩어리가 될 때까지 손으로 치대 반죽한다. 랩을 씌워 냉장실에서 15분간 숙성시킨다.

2 반죽을 2등분한다. 도마에 박력분을 뿌리고 반죽을 두께 0.1cm, 지름 20cm 크기가 되도록 밀어 편다.

3 오븐을 220℃로 예열한다. 달군 팬에 ②를 올려 약한 불에서 4~5분간 앞뒤로 뒤집어가며 노릇하게 구운 후 덜어둔다.

4 뜨거운 물을 넣은 볼에 생크림을 넣은 볼을 올려 따뜻하게 데운 후 다크 커버춰 초콜릿을 넣고 주걱으로 저어가며 녹인다.

5 ③에 ④의 1/2분량을 골고루 펴 바른 후 아몬드 슬라이스 1큰술을 뿌리고 마시멜로 1/2분량을 올린다. 같은 방법으로 1개 더 만든다.

6 220℃로 예열된 오븐의 가운데 칸에서 5~7분간 굽는다.

간편하게
시판 또띠야를 사용해도 좋아요.

Wine jelly

로맨틱 와인젤리

맛도 모양도 멋스러운, 어른들을 위한 디저트예요. 특별한 날 와인젤리를 준비해 보세요.

포장법 28p

⏱ 30분(+ 굳히기 3시간)

🍪 100ml 푸딩컵 4개분

🫙 3일간 냉장 보관

재료
- 판 젤라틴 4장
- 레드와인 135g
- 포도주스 135g
- 설탕 30g
- 블루베리 5큰술

★ **젤리 만들기**

1 찬물에 판 젤라틴을 넣고 20분간 불린다.

2 냄비에 레드와인, 포도주스, 설탕을 넣고 약한 불에서 가장자리가
살짝 끓어오를 때까지 중간중간 저어가며 끓인다.

3 물기를 꼭 짠 젤라틴을 넣고 거품기로 젤라틴이 완전히 녹을 때까지 섞는다.

4 푸딩컵에 블루베리를 1큰술씩 넣고 ③을 채운다.

5 냉장실에서 3시간 이상 굳힌 후 블루베리를 올려 장식한다.

↓ 와인의 알코올이 살짝
날아갈 때까지 끓여요.

블루베리 사용하기

건조 블루베리는 잠길 만큼의
따뜻한 물에 10분간 담근 후
키친타월로 물기를 제거해 사용하고,
냉동 블루베리는 해동 후 키친타월에
감싸 물기를 없앤 후 사용한다.

Triple chocolate
bavarois

트리플 초콜릿 바바루아

화이트 초콜릿 바바루아에 밀크, 다크 초콜릿을 더해 세 가지 초콜릿의 매력을 느낄 수 있어요.

포장법
28P

⏱ 50분(+ 굳히기 1시간 20분)
🍪 100ml 푸딩컵 4개분
🥛 3일간 냉장 보관

재료
- 판 젤라틴 2장
- 달걀노른자 40g
- 설탕 40g
- 우유 150g
- 바닐라 빈 1/2개분
- 화이트 커버춰 초콜릿 60g
- 생크림 50g

초콜릿 장식
- 밀크 커버춰 초콜릿 60g
- 다크 커버춰 초콜릿 60g

★ 만들기

1 찬물에 판 젤라틴을 넣고 20분간 불린다.
   바닐라 빈은 길이로 반을 갈라 칼등으로 씨를 긁어낸다.

2 볼에 달걀노른자, 설탕을 넣고 거품기로 아이보리 색이 될 때까지 휘핑한다.

3 냄비에 우유, 바닐라 빈을 넣고 약한 불에서 가장자리가 살짝 끓어오를 때까지 끓인다.

4 ②의 볼에 ③의 우유를 조금씩 흘려 넣으며 거품기로 빠르게 섞는다.

5 냄비에 체를 올리고 ④를 부어 걸러낸 후 약한 불에서 저어가며
   약간 걸쭉한 점성이 생길 때까지 끓인다.

6 큰 볼에 뜨거운 물을 넣고 그 위에 화이트 커버춰 초콜릿을 넣은 볼을 올린다.
   거품기로 저어가며 중탕으로 골고루 녹인다.

7 ⑤의 냄비에 ⑥을 넣어 섞는다. 물기를 꼭 짠 젤라틴을 넣고 완전히 녹인 후
   체온 정도의 온도가 될 때까지 식힌다.

8 다른 볼에 생크림을 넣고 핸드믹서의 중간 단에서 거품기로 들어 올렸을 때
   뾰족한 삼각뿔 모양이 될 때까지 단단하게 휘핑한다.

9 ⑦을 볼에 옮겨 담고 ⑧의 크림을 2~3번에 나누어 넣으며 주걱으로 골고루 섞는다.

10 4개의 푸딩컵에 ⑨를 나눠 담고 냉장실에서 1시간 이상 굳힌다.

★ 초콜릿 장식하기

11 뜨거운 물을 넣은 볼에 밀크 커버춰 초콜릿을 넣은 볼을 올린다.
   주걱으로 저어가며 중탕으로 골고루 녹인다.

12 푸딩컵 윗면에 ⑪을 나눠 붓고 냉장실에서 10분간 굳힌다.

13 같은 방법으로 다크 커버춰 초콜릿을 녹인 후 ⑫에 붓는다.
   냉장실에서 10분간 더 굳힌다.

↓ 뜨거운 우유를 넣으면 달걀이 익을 수
있으니 조금씩 넣으며 빠르게 섞어요.

식감을 색다르게

따뜻하게 데운 생크림 60g에 밀크 커버춰 초콜릿을 넣고 녹여 가나슈를 만든 후 과정 ⑫와 같이 위에 부어요. 다시 따뜻하게 데운 생크림 60g에 다크 커버춰 초콜릿을 넣고 녹여 가나슈를 만든 후 위에 붓고 굳히면 더 부드러운 초콜릿 바바루아를 만들 수 있어요.

↓ 초콜릿에 물이 들어가지 않도록 주의하세요.   ↓ 숟가락으로 윗면을 평평하게 펴줘요.

11

12

13

간편하게

장식용 밀크 커버춰 초콜릿과 다크 커버춰 초콜릿을 섞어 중탕으로 함께 녹인 후 푸딩컵 위에 붓고 굳혀도 좋아요.

힘내
응원해요

시험, 개업 또는 병문안을 갈 때 등 응원이 필요한 순간
디저트로 달콤한 메시지를 전달하세요.
먹은 후에도 부담스럽지 않고 속이 편한 디저트, 견과류와 과일을
듬뿍 넣고 만든 디저트는 수험생, 에너지가 필요한 이들에게
선물하기 안성맞춤이에요.

Soybean milk pudding

두유푸딩

두유로 만들어 영양과 고소함이 두 배인 푸딩입니다. 병문안 갈 때 선물하면 좋아요.

포장법
28p

🕐 30분(+ 굳히기 3시간)

◔ 100ml 푸딩컵 3개분

▨ 3일간 냉장 보관

재료
- 판 젤라틴 3장
- 무가당 두유 180g
- 볶은 콩가루 15g
- 생크림 80g
- 설탕 30g

★ 가루 젤라틴 사용법
판 젤라틴 대신 가루 젤라틴
1과 1/2작은술을 넣고
동일한 방법으로 만든다.

♣ **만들기**

1 찬물에 판 젤라틴을 넣고 20분간 불린다.

2 볼에 두유, 볶은 콩가루를 넣어 거품기로 골고루 섞는다.

3 냄비에 생크림, 설탕, ②를 넣고 약한 불에서 끓어오르면 불을 끈다.

4 물기를 꼭 짠 젤라틴을 넣고 거품기로 젤라틴이 완전히 녹을 때까지 섞는다.

5 3개의 푸딩컵에 나눠 담고 냉장실에서 3시간 이상 굳힌다.
   ★ 허브를 올려 장식해도 좋아요.

당도 조절하기
가당 두유를 사용할 경우
설탕양을 20g으로 줄여요.

Honey castella

촉촉한 허니 카스텔라

꿀을 듬뿍 넣고 촉촉하게 만든 카스텔라예요. 부드러운 식감 덕분에 병문안 선물로도 좋아요.

포장법
23, 24p

⏱ 1시간

🍪 10×20×9.5cm
편백나무틀 1개분

🫙 4일간 실온 보관

재료
- 실온에 둔 달걀노른자 100g
- 차가운 달걀흰자 100g
- 설탕 50g + 50g
- 소금 1/2작은술
- 중력분 120g
- 우유 20g
- 꿀 40g
- 청주 10g

★ 편백나무틀
편백나무틀에 구우면 알루미늄틀보다 열전도율이 낮아 더 촉촉하고 부드럽게 구워진다. 또 편백나무의 은은한 향이 배어들어 풍미가 좋아진다.

🍀 **만들기**

1 오븐을 175℃로 예열한다. 편백나무틀에 유산지를 깐다.

2 내열용기에 우유, 꿀, 청주를 넣어 전자레인지(700W)에서 20~30초간 따뜻하게 데운다.

3 볼에 달걀노른자를 넣고 설탕(50g), 소금을 2~3번에 나누어 넣으며 핸드믹서의 중간단에서 반죽이 아이보리 색이 될 때까지 휘핑한다.

4 다른 볼에 달걀흰자를 넣고 설탕(50g)을 2~3번에 나누어 넣으며 핸드믹서의 중간 단에서 거품기로 들어 올렸을 때 끝이 뾰족한 삼각뿔 모양이 될 때까지 단단하게 휘핑해 머랭을 만든다.

5 ③에 ④의 머랭 1/3분량을 넣어 머랭이 꺼지지 않도록 주걱으로 살살 아래에서 위로 뒤집듯이 섞는다.

6 체 친 중력분를 넣고 주걱으로 아래에서 위로 뒤집듯이 재빨리 섞는다.

7 나머지 머랭을 넣어 머랭이 꺼지지 않도록 살살 섞는다.

8 ②에 ⑦의 반죽 한 주걱을 덜어 섞은 후 다시 ⑦에 넣어 골고루 섞는다.

9 오븐 팬에 ①의 틀을 올리고 반죽을 채운다.

10 175℃로 예열된 오븐의 가운데 칸에서 10분, 150℃로 온도를 내리고 45분간 더 굽는다.
★ 온도를 낮춘 후 윗 색이 너무 진하면 테프론 시트(또는 알루미늄 포일)로 윗면을 덮고 구우세요.

11 틀에서 꺼낸 후 뒤집어 식힘망에 올려 식힌다.

↓ 유산지는 틀의 크기에 맞게
　자르세요.

1	 2	 3
 4	 5	 6

실패 없이 만들기

달걀은 흰자와 노른자를 분리하고 흰자는 냉장실에 넣어 차갑게 만든 후 휘핑하면 좋아요.
노른자는 실온에 두거나 겨울에는 중탕으로 따뜻하게 데워가며 휘핑하면 거품이 잘 올라와요.

↓ 오븐 팬 위에 편백나무틀을 올린 후 반죽을 채워요.

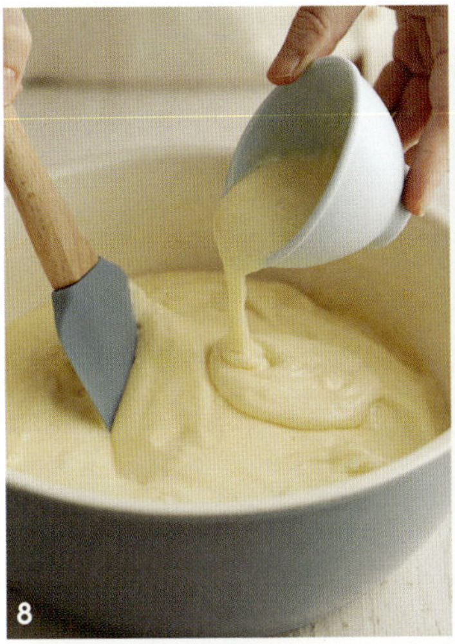

8

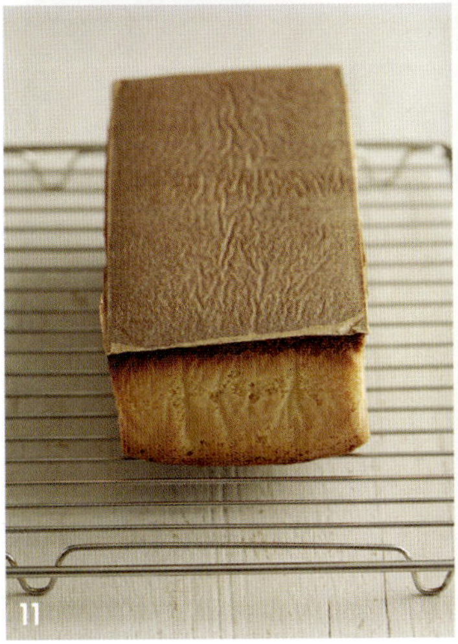

11

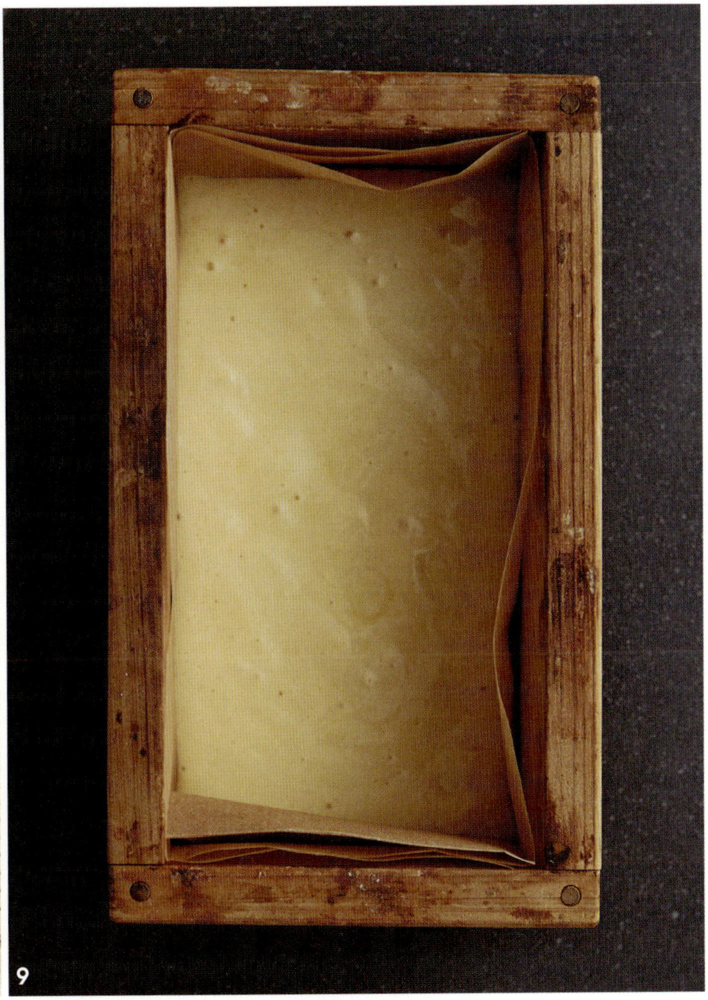

9

↑ 반죽을 채운 후 젓가락으로 휘저어 반죽 속의 큰 기포를 제거하세요.

편백나무틀 대체하기

편백나무틀이 없다면 20×20cm 사각틀에 유산지를 깐 후 반죽을 채우고
180℃로 예열된 오븐의 가운데 칸에서 30~35분간 구워요.

Sweet pumpkin cake

단호한 단호박케이크

단호박을 넣어 묵직하고 촉촉하게 만들고, 단호박 크림으로 장식했어요. 어른들이 특히 좋아하는 케이크랍니다.

포장법
242p

🕐 1시간

⭕ 지름 15cm 원형틀(1호) 1개분

🫙 3일간 냉장 보관

재료
• 단호박 150g
• 달걀 100g
• 설탕 90g
• 포도씨유 75g
• 박력분 110g
• 단호박가루 10g
• 베이킹파우더 1/2작은술
• 호박씨 다진 것 20g

단호박크림
• 생크림 300g
• 단호박가루 15g
• 설탕 30g

🍀 만들기

1 오븐을 170℃로 예열한다. 원형틀에 유산지를 깐다.

2 단호박은 껍질, 씨를 제거하고 사방 1cm 크기로 썬다. 내열용기에 넣고 뚜껑을 덮어
   전자레인지(700W)에서 2~3분간 완전히 익힌 후 한 김 식힌다.

3 볼에 달걀을 넣고 설탕을 2~3번에 나누어 넣으며 핸드믹서의 높은 단에서
   달걀 거품을 떨어뜨렸을 때 자국이 3초 이상 유지될 때까지 휘핑한다.

4 포도씨유를 볼 옆면을 타고 흐르듯이 넣으며 낮은 단에서 골고루 섞는다.

5 체 친 박력분, 단호박가루, 베이킹파우더를 넣고 주걱으로 자르듯이 섞는다.

6 ②의 단호박을 넣어 주걱을 골고루 섞는다.

7 ①의 틀에 반죽을 채운다. 170℃로 예열된 오븐의 가운데 칸에서 25~30분간 굽는다.

8 틀에서 꺼낸 후 뒤집어 식힘망에 올려 완전히 식힌다. 빵칼로 3등분한다.

🍀 단호박크림 장식하기

9 볼에 생크림, 단호박가루를 넣고 설탕을 2~3번에 나누어 넣으며 핸드믹서의
   높은 단에서 거품기로 들어 올렸을 때 뾰족한 삼각뿔 모양이 될 때까지 휘핑한다.

10 단호박케이크 1장을 돌림판 위에 올린다. 크림을 한 주걱 올리고 스패튤라를
    좌우로 움직여 골고루 펴 바른다. 이 과정을 한 번 더 반복한다.

11 나머지 단호박케이크를 올린다. 크림을 올리고 스패튤라로 크림을 살짝 누른다는
    느낌으로 돌림판을 돌려가며 매끄럽게 펴 바른다.

12 스패튤라를 수직으로 세우고 45°로 벌린 후 돌림판을 돌려가며 옆면에 크림을 바른다.
    윗면 가장자리는 스패튤라를 밖에서 안으로 스치듯 움직여 매끈하게 정리한다.

13 물결 스크래퍼를 윗면에 살짝 고정하고 돌림판을 돌려가며 무늬를 낸다.
    가장자리에 다진 호박씨를 뿌려 장식한다.

↑ 너무 많이 섞으면 식감이 질겨지니 주의하세요.

단호박 파운드케이크 만들기

단호박크림 재료는 생략해요. 과정 ⑧까지 동일한 방법으로 만들고 유산지를 깐 11 x 25cm
파운드케이크틀에 반죽을 채우고 175℃로 예열된 오븐의 가운데 칸에서 45분간 구워요.

↓ 돌림판이 없다면 평편한 그릇에 올리고
발라요.

↑ 다진 호박씨 또는 다진 견과류를 가장자리에 뿌려 장식해요.

Angel food

엔젤 푸드

달걀흰자만으로 만들어 자극없이 담백한 맛과 실크처럼 부드러운 식감의 케이크예요. 병문안 선물로 좋아요.

포장법 24, 25p

🕐 1시간

🌑 지름 15cm 시폰틀 1개분

🫙 3일간 실온 보관

재료

- 달걀흰자 3개분(약 110g)
- 설탕 30g
- 바닐라 익스트랙 1/4작은술
- 박력분 40g
- 슈가파우더 30g + 약간(장식용)

♣ **만들기**

1 오븐을 175℃로 예열한다. 볼에 달걀흰자를 넣어 핸드믹서의 높은 단에서 작은 거품이 생길 때까지 휘핑한다.

2 바닐라 익스트랙을 넣고 설탕을 2~3번에 나누어 넣으며 거품기로 들어 올렸을 때 뾰족한 삼각뿔 모양이 될 때까지 단단하게 휘핑한다.

3 체 친 박력분, 슈가파우더(30g)를 넣어 주걱으로 아래에서 위로 뒤집듯이 재빨리 섞는다.

4 분무기로 시폰틀에 골고루 물을 뿌린다.

5 시폰틀에 반죽을 채우고 젓가락으로 휘저어 반죽 속의 큰 기포를 제거한다.

6 175℃로 예열된 오븐의 가운데 칸에서 30~35분간 굽는다. 틀째로 거꾸로 뒤집어 식힘망에 올려 완전히 식힌다.

7 시폰틀 가장자리에 스패튤라를 넣고 조심히 돌려가며 엔젤 푸드를 떼어낸다.

8 슈가파우더를 뿌리고 허브를 올려 장식한다.

↓ 물을 뿌려야 구운 후 틀에서
케이크가 잘 떨어져요.

↑ 틀째 거꾸로 식혀야 반죽이 꺼지지 않아요.

색을 더 하얗게

엔젤 푸드를 175℃로 예열된 오븐의 가운데 칸에서 20~25분간 구운 후
165℃로 온도를 낮추고 10분간 더 구우면 좀 더 겉면이 하얀 엔젤 푸드를 만들 수 있어요.

Popeye cupcake

레시피
188쪽

뽀빠이 컵케이크

뽀빠이가 좋아하는 시금치! 시금치를 듬뿍 넣은 건강한 컵케이크에 달콤한 크림과 토마토를 올렸어요.

⏱ 50분

◔ 지름 5.5cm 머핀틀 6개분

▨ 3일간 냉장 보관

재료
- 시금치 40g
- 실온에 둔 버터 40g
- 설탕 40g
- 소금 1/2작은술
- 실온에 둔 달걀 1개
- 중력분 100g
- 베이킹파우더 1/2작은술
- 우유 50g
- 바닐라 익스트랙 1방울
- 방울토마토 6개

프로스팅크림
- 마스카르포네 치즈 100g
- 생크림 200g
- 설탕 30g

❀ 만들기

1 머핀틀에 유산지를 깐다. 시금치는 시든 잎, 뿌리를 제거하고 깨끗이 씻는다. 탈탈 털어 물기를 제거하고 칼로 잘게 다진다.

2 오븐을 180℃로 예열한다. 볼에 버터를 넣어 핸드믹서의 낮은 단에서 부드러운 크림 상태가 될 때까지 푼 후 설탕, 소금을 2번에 나누어 넣으며 설탕 입자가 보이지 않을 때까지 섞는다.

3 달걀을 넣고 반죽이 매끄러워질 때까지 섞는다.

4 체 친 중력분, 베이킹파우더를 넣고 80% 정도 섞일 때까지 주걱으로 자르듯이 섞는다.
★ 이때, 너무 많이 섞으면 식감이 질겨지니 주의하세요.

5 우유, 바닐라 익스트랙, 시금치를 넣어 주걱으로 골고루 섞는다.

6 짤주머니에 반죽을 담고 끝의 2.5cm 지점을 가위로 자른다.
①의 틀에 80% 정도까지 반죽을 채운다.

7 180℃로 예열된 오븐의 가운데 칸에서 23~25분간 굽는다.
틀에서 꺼내 식힘망에 올려 식힌다.
★ 꼬지로 반죽을 찔렀을 때 반죽이 묻어나지 않으면 다 익은 거예요.

❀ 프로스팅크림 장식하기

8 볼에 마스카르포네 치즈를 넣어 핸드믹서의 낮은 단에서 부드럽게 푼다.

9 다른 볼에 생크림을 넣고 설탕을 2~3번에 나누어 넣으며 핸드믹서의 중간 단에서 거품기로 들어 올렸을 때 끝이 살짝 휘어지는 삼각뿔 모양이 될 때까지 휘핑한다.

10 ⑧에 ⑨를 2~3번에 나누어 넣으며 주걱으로 골고루 섞는다.

11 별깍지를 끼운 짤주머니에 프로스팅 크림을 넣고 컵케이크 위에 삼각뿔 모양으로 돌려가며 짠다. 방울토마토를 올려 장식한다.

포장법
26, 27p

↑ 크림이 너무 부드러우면 잠시 냉장실에
넣어두세요.

징식을 다양하게

레드벨벳 컵케이크의 크림치즈 장식(38쪽 참고)으로 만들어도 좋아요.

Cereal cookies

바사삭 시리얼쿠키

집에 남아있는 시리얼로 근사한 쿠키를 만들어보세요. 시리얼 종류에 따라 다양한 맛과 모양이 만들어져요.

포장법
20, 21p

🕐 40분

🍪 15개분(지름 7cm)

🍯 5일간 실온 보관

재료
- 실온에 둔 버터 100g
- 설탕 60g
- 소금 1/8작은술
- 실온에 둔 달걀 1개
- 꿀 40g
- 바닐라 익스트랙 1/5작은술
- 박력분 200g
- 베이킹파우더 1/3작은술
- 시리얼 150g
- 아몬드 슬라이스 50g

❧ 만들기

1 오븐을 170℃로 예열한다. 볼에 버터를 넣어 핸드믹서의 낮은 단에서 부드러운 크림 상태가 될 때까지 푼다.

2 설탕, 소금을 2~3번에 나누어 넣으며 설탕 입자가 보이지 않을 때까지 섞는다.

3 달걀, 꿀, 바닐라 익스트랙을 넣어 반죽이 매끄러워질 때까지 섞는다.

4 체 친 박력분, 베이킹파우더를 넣고 80% 정도 섞일 때까지 주걱으로 자르듯이 섞는다.

5 시리얼, 아몬드 슬라이스를 넣어 골고루 섞는다. 크기가 큰 시리얼은 섞으면서 주걱으로 부순다.

6 유산지를 깐 오븐 팬에 숟가락 2개를 이용하여 같은 양의 반죽을 일정한 간격으로 올린다.
★ 쿠키 가운데 시리얼을 올려 장식한 후 구워도 좋아요.

7 170℃로 예열된 오븐의 가운데 칸에서 15~18분간 구운 후 식힘망에 올려 식힌다.
★ 굽는 중간 팬을 돌려주면 골고루 구워져요. 팬의 크기에 따라 나눠 구워요.

↓ 반죽을 1/2씩 나눠 담고 각각
다른 시리얼을 넣어 만들어도 좋아요.

White chocolate macadamia cookies

화이트 초코 마카다미아 쿠키

달콤한 초콜릿과 고소한 마카다미아를 듬뿍 넣었어요. 수험생 간식으로 선물하면 당 충전, 힘 충전 100%랍니다.

포장법
20, 21p

⏱ 40분

🍪 15개분(지름 7cm)

🫙 5일간 실온 보관

재료

• 실온에 둔 버터 120g
• 흑설탕 45g
• 설탕 45g
• 소금 1/8작은술
• 실온에 둔 달걀 1개분
• 꿀 30g
• 바닐라 익스트랙 1/5작은술
• 박력분 100g
• 강력분 100g
• 베이킹파우더 1/3작은술
• 마카다미아 100g
• 화이트 커버춰 초콜릿 80g

🍀 **만들기**

1 오븐을 170℃로 예열한다. 볼에 버터를 넣어 핸드믹서의 낮은 단에서 부드러운 크림 상태가 될 때까지 푼다.

2 흑설탕, 설탕, 소금을 2~3번에 나누어 넣으며 설탕 입자가 보이지 않을 때까지 섞는다.

3 달걀, 꿀, 바닐라 익스트랙을 넣고 반죽이 매끄러워질 때까지 섞는다.

4 체 친 박력분, 강력분, 베이킹파우더를 넣고 80% 정도 섞일 때까지 주걱으로 자르듯이 섞는다.
★ 주걱으로 자르듯이 섞어야 쿠키가 질기고 딱딱해지는 것을 막을 수 있어요.

5 마카다미아, 화이트 커버춰 초콜릿을 넣고 골고루 섞는다.

6 유산지를 깐 오븐 팬에 숟가락 2개를 이용하여 같은 양의 반죽을 일정한 간격으로 올린다.
★ 쿠키가 구어지면서 조금씩 퍼지니 사방 2cm 간격을 두세요.

7 170℃로 예열된 오븐의 가운데 칸에서 15~18분간 구운 후 식힘망에 올려 식힌다.

↓ 굽는 중간 팬을 한 번 돌려주면 골고루 구워져요. 팬의 크기에 따라 나눠 구워요.

박력분, 강력분을 함께 넣는 이유

쿠키를 만들 때 강력분을 섞어 사용하면 일반 쿠키보다 글루텐이 더 형성되어 쫄깃한 식감의 쿠키를 만들 수 있어요.

Chocolate crispy rice

초콜릿 크리스피 라이스

쌀 뻥튀기의 바삭함, 마시멜로의 쫀득함을 동시에 즐길 수 있는 재미있는 식감의 디저트예요.

포장법
22p

⏱ 30분(+ 굳히기 30분)

🍪 21×21cm 사각틀 1개분

🫙 5일간 실온 보관

재료
- 버터 20g
- 마시멜로 100g
- 쌀 뻥튀기 30g
- 다진 땅콩 80g
- 다크 커버춰 초콜릿 다진 것
  (또는 화이트 커버춰 초콜릿) 100g

🍀 **만들기**

1 사각틀에 유산지를 깐다.

2 팬에 버터를 넣어 약한 불에서 녹인다.

3 마시멜로를 넣고 주걱으로 저어가며 녹인 후 불을 끈다.

4 쌀 뻥튀기, 다진 땅콩, 다크 커버춰 초콜릿을 넣어 주걱으로 재빨리 섞는다.

5 ①의 틀에 ④를 넣고 유산지로 윗면을 덮은 후 손으로 꾹꾹 눌러 편다.

6 냉장실에서 30분간 굳힌 후 틀에서 꺼내어 한입 크기로 썬다.

↓ 마시멜로는 금방 굳으니 재빨리 섞어요.

맛을 다양하게
다진 땅콩 대신 동량의 견과류(아몬드, 피스타치오, 호두, 피칸 등) 또는 오트밀을 넣고 만들어도 좋아요.

과일 찹쌀모찌

수험생에게 찹쌀떡 대신 제철 과일로 만든 수제 모찌를 선물하세요. 응원의 마음도 듬뿍 담을 수 있을 거예요.

Fruits mochi

⏱ 40분

🍪 10개분(지름 4cm)

🍚 2일간 냉장 보관

재료
- 딸기 10개(또는 귤, 키위 5개)
- 팥앙금 100g
- 찹쌀가루 100g
- 설탕 15g
- 소금 1/4작은술
- 따뜻한물 125g
- 전분가루 약간(덧가루용)

☘ **만들기**

1 딸기는 꼭지를 떼고 깨끗이 씻은 후 키친타월로 감싸 물기를 최대한 제거한다.

2 팥앙금을 10g씩 10개로 나눈 후 동그랗게 빚는다.

3 내열용기에 찹쌀가루, 설탕, 소금, 따뜻한 물을 넣고 숟가락으로 골고루 섞는다.

4 내열용기의 뚜껑을 살짝 덮고 전자레인지(700W)에 넣어 1분 30초간 돌린 후 꺼내 숟가락으로 골고루 섞는다.

5 다시 뚜껑을 살짝 덮고 전자레인지(700W)에 넣어 1분간 돌린 후 숟가락으로 골고루 섞는다.

6 과정 ⑤를 반죽이 투명해질 때까지 2~3번 더 반복한다.

7 도마 위에 전분가루를 뿌리고 ⑥의 반죽을 올린 후 한 김 식힌다.

8 반죽을 스크래퍼로 10등분한 후 손으로 꾹꾹 눌러 손바닥 크기로 둥글납작하게 만든다.

9 팥앙금을 납작하게 누른 후 딸기를 올린다. 반죽을 감싼 후 이음매 부분을 꼭꼭 눌러가며 붙인다. 같은 방법으로 9개 더 만든다.

포장법 29p

보관을 편리하게

팥앙금을 2배(200g)로 준비해 20g씩 나눠요. 딸기를 팥앙금으로 감싼 후 다시 찹쌀 반죽으로
감싸 만들면 과일에서 수분이 나오는 것을 막아 모양이 잘 유지되고 보관이 편리해요.

Five grains biscotti

레시피
200쪽

오독오독 오곡비스코티

다섯 가지 곡물로 바삭한 식감을 더한 영양 넘치는 건강 간식입니다. 공부에 지친 수험생에게 선물해보세요.

🕐 1시간 50분(+ 불리기, 휴지시키기 1시간 30분)

🥟 10개분(두께 2cm, 길이 12cm)

🫙 7일간 실온 보관

재료

- 흰콩 20g
- 검은콩 20g
- 팥 20g
- 녹두 20g
- 율무 20g
- 실온에 둔 버터 50g
- 설탕 80g
- 소금 1/8작은술
- 달걀 1개
- 생크림 20g
- 박력분 200g
- 베이킹파우더 1/2작은술
- 아몬드가루 50g

❧ 만들기

1 오곡(흰콩, 검은콩, 팥, 녹두, 율무)은 잠길 만큼의 물에 담가 1시간 이상 불린 후 체에 밭쳐 물기를 뺀다.

2 냄비에 ①과 잠길 만큼의 물을 붓고 40분간 삶은 후 체에 밭쳐 물기를 최대한 제거한다.

3 달군 팬에 ②를 넣고 약한 불에서 탁탁 튀는 소리가 날 때까지 볶은 후 한 김 식힌다.

4 오븐을 175℃로 예열한다. 볼에 버터를 넣어 핸드믹서의 낮은 단에서 부드러운 크림 상태가 될 때까지 푼다.

5 설탕, 소금을 2~3번에 나누어 넣으며 설탕 입자가 보이지 않을 때까지 섞는다.

6 달걀, 생크림을 넣어 반죽이 매끄러워질 때까지 섞는다.

7 체 친 박력분, 베이킹파우더, 아몬드가루를 넣고 80% 정도 섞일 때까지 주걱으로 자르듯이 섞는다.

8 ③을 넣어 주걱으로 골고루 섞는다.

9 반죽을 위생팩에 넣고 납작하게 누른 후 냉장실에서 30분간 휴지시킨다.

10 도마에 반죽을 올린 후 손으로 2cm 두께의 직사각형으로 만든다.

11 유산지를 깐 오븐 팬에 올린다. 175℃로 예열된 오븐의 가운데 칸에서 25~30분간 구운 후 식힘망에 올려 체온 정도로 따뜻하게 식힌다.

12 칼로 2cm 두께로 썬다.

13 오븐 팬에 넓은 면이 바닥에 닿도록 눕혀서 올린다. 180℃로 예열된 오븐의 가운데 칸에서 15분, 뒤집어 15분간 더 굽는다. 식힘망에 올려 식힌다.

오곡 대체하기

오곡 대신 동량의 견과류 또는 건과일로 대체해도 좋아요.

포장법
22, 23p

4

6

8

10

12

13

↑ 비스코티는 톱날이 없는 칼로 한 번에
눌러 썰어야 부서지지 않아요.

식 감 을 부 드 럽 게

이가 약한 어른들께 선물할 때는 오곡의 식감이 단단할 수 있어요. 과정 ③에서 오곡을 볶은 후
푸드프로세서로 작게 갈아 동일한 방법으로 만들면 좀 더 부드러운 식감의 비스코티가 돼요.

레시피
204쪽

Mini almond poundcake

Maple financier

레시피 206쪽

미니 아몬드 파운드케이크

모양도 맛도 아몬드! 특별한 모양이 시선을 사로잡는 고소하고 담백한 디저트예요.

🕐 1시간

🍪 14.5×9cm 아몬드틀 5개분

🫕 5일간 실온 보관

재료

- 실온에 둔 버터 120g + 녹인 버터 5g
- 설탕 180g
- 소금 1/8작은술
- 실온에 둔 달걀 130g
- 우유 50g
- 럼주 20g
- 바닐라 익스트랙 1/4작은술
- 박력분 150g
- 아몬드가루 50g
- 베이킹파우더 1/2작은술
- 아몬드 슬라이스 40g

❀ 만들기

1 아몬드틀에 녹인 버터(5g)를 바른다.

2 오븐을 165℃로 예열한다. 볼에 버터(120g)를 넣어 핸드믹서의 낮은 단에서 부드러운 크림 상태가 될 때까지 푼다.
★ 볼 옆면에 붙은 버터가 삼각뿔 모양이 되면 잘 풀어진 거예요.

3 설탕, 소금을 2~3번에 나누어 넣으며 설탕 입자가 보이지 않을 때까지 섞는다.

4 달걀, 우유, 럼주, 바닐라 익스트랙을 넣어 반죽이 매끄러워질 때까지 섞는다.

5 체 친 박력분, 아몬드가루, 베이킹파우더를 넣고 80% 정도 섞일 때까지 주걱으로 자르듯이 섞는다.

6 아몬드 슬라이스를 넣어 주걱으로 골고루 섞는다.

7 짤주머니에 반죽을 담고 끝의 5cm 지점을 가위로 자른다.
아몬드틀에 80% 정도 반죽을 채운다.

8 오븐 팬에 틀을 올려 165℃로 예열된 오븐의 가운데 칸에서 20~25분간 굽는다.
틀에서 꺼내 식힘망에 올려 식힌다.

↓ 마요네즈처럼 부드러운 상태로 풀어요.

포장법 22, 23p

1

3

5

6

7

아몬드틀 대체하기

아몬드틀이 없다면 머핀 유산지를 깐 머핀틀에 반죽을 80% 정도 채우고 175℃로 예열된
오븐의 가운데 칸에서 20~23분간 구워요.

메이플 피낭시에

메이플 향이 매력적인 디저트예요. 금괴를 닮은 독특한 모양 덕분에 개업 선물로 안성맞춤이지요!

🕐 35분(+ 휴지시키기 30분)

🍮 8.5×4cm 피낭시에틀 12개분

🫙 5일간 실온 보관

재료

- 버터 100g + 녹인 버터 5g
- 달걀흰자 4개분(약 140g)
- 설탕 70g
- 소금 1/8작은술
- 메이플 시럽 10g
- 박력분 60g
- 아몬드가루 80g
- 베이킹파우더 1/4작은술
- 바닐라 익스트랙 1/4작은술

★ 메이플 시럽
단풍나무 수액으로 만든 시럽으로
달콤한 맛과 특유의 풍미가 있다.
대형 마트에서 구입 가능하다.

❖ **만들기**

1 오븐을 175℃로 예열한다. 피낭시에틀에 녹인 버터(5g)를 바른다.

2 냄비에 버터(100g)를 넣어 약한 불에서 황갈색이 될 때까지 살짝 태우듯 끓인다.

3 체에 키친타월을 깔고 ②를 부어 찌꺼기를 걸러낸 후 따뜻한 상태로 준비한다.

4 볼에 달걀흰자를 넣어 거품기로 멍울을 푼 후 설탕, 소금, 메이플 시럽을 넣고
   설탕이 녹을 때까지 섞는다.

5 체 친 박력분, 아몬드가루, 베이킹파우더를 넣고 가루 재료가
   보이지 않을 때까지 섞는다.

6 ③의 버터, 바닐라 익스트랙을 넣어 거품기로 골고루 섞는다.

7 볼에 랩을 씌워 냉장실에서 30분간 휴지시킨다.

8 짤주머니에 반죽을 담고 끝의 2.5cm 지점을 가위로 자른다.
   피낭시에틀에 80% 정도 반죽을 채운다.

9 175℃로 예열된 오븐의 가운데 칸에서 12~15분간 굽는다.
   틀에서 꺼내 식힘망에 올려 식힌다.

더 촉촉하게

피낭시에를 촉촉하게 즐기고 싶다면 식힘망에 올려 미지근해질 때까지 식힌 후
위생팩에 넣어 밀봉하세요. 하루 지난 후 먹으면 더 촉촉해져요.

포장법 22, 23p

Pecan caramel tart

피칸 캐러멜타르트

피칸의 고소함과 캐러멜의 달콤한 풍미를 즐길 수 있는 디저트랍니다.

포장법
24, 25p

🕐 1시간(+ 휴지시키기 1시간)

🍪 지름 16cm 타르트틀 1개분

🫙 3일간 실온 보관

재료

- 실온에 둔 버터 50g
- 슈가파우더 20g
- 소금 1/8작은술
- 달걀노른자 1개분
- 생크림 1큰술
- 박력분 100g

피칸 캐러멜

- 피칸 150g
- 물엿 100g
- 설탕 50g
- 생크림 3큰술
- 시나몬파우더 1/2작은술
- 달걀노른자 1개분
- 버터 1큰술

♣ 만들기

1 볼에 버터를 넣고 핸드믹서의 낮은 단에서 부드러운 크림 상태가 될 때까지 푼다.

2 슈가파우더, 소금을 넣어 슈가파우더가 녹을 때까지 섞는다.

3 달걀노른자, 생크림을 넣고 반죽이 매끄러워질 때까지 섞는다.

4 체 친 박력분을 넣고 완전히 섞여 보이지 않을 때까지 주걱으로 자르듯이 섞는다.
★ 주걱으로 자르듯이 섞어야 바삭한 식감의 타르트를 만들 수 있어요.

5 반죽을 위생팩에 넣어 납작하게 누른 후 냉장실에서 30분간 휴지시킨다.

6 도마에 반죽을 올린 후 0.5cm 두께가 되도록 밀어 편다.

7 반죽을 타르트틀 안에 넣은 후 바닥과 옆면을 손으로 살살 눌러가며 붙인다.

8 타르트틀째 위생팩에 넣어 냉장실에서 30분간 휴지시킨다.

9 오븐을 175℃로 예열한다. 포크로 바닥 가장자리와 중간중간에 구멍을 낸다.

10 175℃로 예열된 오븐의 가운데 칸에서 25분간 굽는다.
틀째로 식힘망에 올려 완전히 식힌다.

♣ 피칸 캐러멜 만들기

11 피칸은 끓는 물에 30초간 데친다. 달군 팬에 넣고 약한 불에서
수분이 날아가도록 볶은 후 완전히 식힌다.

12 냄비에 물엿, 설탕을 넣어 약한 불에서 젓지 않고 냄비를 기울여가며
설탕을 녹인 후 갈색이 될 때까지 끓인다.

13 생크림, 시나몬파우더를 넣고 점성이 생길 때까지 주걱으로 저어가며 끓인다.

14 불을 끄고 달걀노른자, 버터를 넣어 골고루 섞은 후 피칸을 넣고 섞는다.

15 캐러멜이 굳기 전에 타르트 위에 골고루 펼쳐 올린다.

↓ 반죽이 달라 붙으면 중간중간 박력분을
  뿌려요.

↑ 타르트틀 안쪽에 찢어지거나 구멍난 부분이 있다면 떼어낸 반죽으로 메꿔요.

↓ 구멍을 내야 바닥이 부풀어 오르지
  않아요.

↑ 설탕을 저으면 결정이 생기니 주걱으로
  젓지 말고 냄비를 기울여가며 녹이세요.

Almond chocolate cookies

아몬드 듬뿍 쇼콜라 쿠키

달콤 쌉싸름한 초콜릿과 고소한 아몬드가 들어가 한 번 먹으면 멈출 수 없는 마약 같은 쿠키입니다.

포장법
20, 21p

- 40분(+ 휴지시키기 1시간)
- 25~30개분(5×5cm)
- 7일간 실온 보관

재료

- 실온에 둔 버터 130g
- 설탕 130g
- 소금 1/8작은술
- 달걀노른자 1개분
- 생크림 1작은술
- 바닐라 익스트랙 1/4작은술
- 박력분 200g
- 코코아가루 20g
- 베이킹파우더 1/5작은술
- 아몬드 슬라이스 130g

♣ 만들기

1 오븐을 180℃로 예열한다. 볼에 버터를 넣어 핸드믹서의 낮은 단에서 부드러운 크림 상태가 될 때까지 푼다.

2 설탕, 소금을 2~3번에 나누어 넣으며 설탕 입자가 보이지 않을 때까지 섞는다.

3 달걀노른자, 생크림, 바닐라 익스트랙을 넣고 반죽이 매끄러워질 때까지 섞는다.

4 체 친 박력분, 코코아가루, 베이킹파우더를 넣고 80% 정도 섞일 때까지 주걱으로 자르듯이 섞는다.
★ 주걱으로 자르듯이 섞어야 바삭한 식감의 쿠키를 만들 수 있어요.

5 아몬드 슬라이스를 넣어 골고루 섞는다.

6 도마 위에 반죽을 올린 후 스크래퍼로 모양을 잡아가며 5cm 굵기의 사각형 모양이 되도록 만든다.

7 반죽을 유산지로 감싼 후 냉동실에서 1시간 동안 휴지시킨다.

8 반죽을 0.8cm 두께로 썬 후 유산지를 깐 오븐 팬 위에 일정한 간격으로 올린다.

9 180℃로 예열된 오븐의 가운데 칸에서 12~15분간 구운 후 식힘망에 올려 식힌다.
★ 굽는 중간 팬을 돌려주면 골고루 구워져요. 팬의 크기에 따라 나눠 구워요.

냉동 보관하기

아몬드 듬뿍 쇼콜라 쿠키는 과정 ⑦까지 만든 후 한 달 동안 냉동 보관이 가능해요. 넉넉히 만들어 냉동 보관하고 필요할 때마다 꺼내어 과정 ⑧과 동일하게 구워요.

Mini baked donuts

미니 베이크 도넛

한입에 쏙쏙~ 모양도 귀엽고 맛도 최고예요. 튀기지 않고 구워 더욱 건강하지요.

포장법
21, 23p

⏱ 40분

🍩 지름 5cm 도넛틀 10~12개분

🫙 3일간 실온 보관

재료

- 실온에 둔 버터 30g + 녹인 버터 5g
- 실온에 둔 땅콩버터 40g
- 설탕 30g
- 달걀 1개
- 우유 2큰술
- 바닐라 익스트랙 1/4작은술
- 박력분 100g
- 베이킹파우더 1/2작은술
- 스프링클 약간

가나슈

- 생크림 100g
- 화이트 커버춰 초콜릿 다진 것 200g
- 버터 30g

♣ 도넛 만들기

1 도넛틀에 녹인 버터(5g)를 바른다.

2 오븐을 175℃로 예열한다. 볼에 버터(30g), 땅콩버터를 넣어 핸드믹서의 낮은 단에서 부드러운 크림 상태가 될 때까지 푼다. 설탕을 2~3번에 나누어 넣으며 설탕 입자가 보이지 않을 때까지 섞는다.

3 달걀, 우유, 바닐라 익스트랙을 넣고 반죽이 매끄러워질 때까지 섞는다.

4 체 친 박력분, 베이킹파우더를 넣고 가루 재료가 완전히 섞여 보이지 않을 때까지 주걱으로 자르듯이 섞는다.

5 짤주머니에 반죽을 담고 끝의 2.5cm 지점을 가위로 자른다. 도넛틀에 80% 정도 반죽을 채운다.

6 175℃로 예열된 오븐의 가운데 칸에서 15~20분간 굽는다. 틀에서 꺼내 식힘망에 올려 식힌다.

♣ 가나슈 장식하기

7 냄비에 생크림을 넣어 중약 불에서 가장자리가 살짝 끓어오를 때까지 끓인 후 불을 끈다. 화이트 커버춰 초콜릿, 버터를 넣어 주걱으로 가운데부터 저어가며 녹인다.

8 도넛의 윗면을 가나슈에 담가 묻힌 후 유산지 위에 올린다. 가나슈가 굳기 전에 스프링클을 뿌린다.

장식을 색 다르게

과정 ⑦에서 기호에 따라 원하는 색소를 넣고 골고루 섞어 가나슈를 만든 후 장식해도 좋아요.

Index

Homemade
dessert gift

메뉴 개발 & 요리책 전문 출판사 레시피팩토리

레시피팩토리의 요리책은 식품과 요리 전문가들이 철저한 검증을 통해 만들어 믿고 따라 할 수 있습니다.
앞으로도 꼼꼼한 편집, 아름다운 비주얼을 바탕으로 소장 가치 높은 요리책을 위해 더욱 노력하겠습니다.

홈페이지 www.recipe-factory.co.kr
카카오스토리 레시피팩토리 everyday!
인스타그램 super_recipe, thelight____(언더바 4개)
카카오톡, 페이스북 수퍼레시피

Magazine

따라 할만한 가치가 있다! **월간 〈수퍼레시피〉**
내부 테스트 쿡들의 실험 조리와 개발,
독자들의 검증을 거쳐 왕초보도 따라 하면 성공할 수 있는
정확하고 실용적이고 맛있는 집밥 레시피를 담았습니다.
애독자 카페 cafe.naver.com/superecipe

다이어트가 아니라 더라이트다! **월간 〈더 라이트〉**
영양, 조리 전문가들이 현대 영양학에 의거해 개발한,
저칼로리, 영양 밸런스를 맞춘 레시피로
더 가볍고 건강한 식생활을 제안합니다.
애독자 카페 cafe.naver.com/thelightrecipe

진짜 쉽고, 맛있고, 정확한
〈진짜 기본 요리책〉

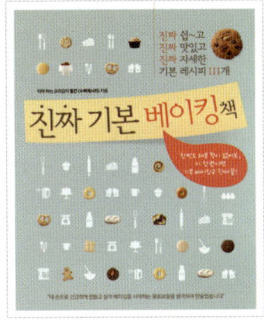

베이킹 왕초보들을 위한 기본서
〈진짜 기본 베이킹책〉

사먹는 것보다 더 맛있는 샌드위치&브런치
**〈샌드위치가 필요한 모든 순간
나만의 브런치가 완성되는 순간〉**

제철 재료로 만든
로푸드 스무디 100가지
〈한 잔이면 충분해! 로푸드 스무디〉

Cook Book

〈달콤한 디저트를 선물할래〉
독자들께
추천하는 요리책들

실패 걱정 없는 홈메이드 저장식
〈병 속에 담긴 사계절〉

아이 음식과 어른 음식을 한 번에
**〈2~11세 아이가 있는 집에
딱 좋은 가족밥상〉**

집에서 배우는 사계절 문화센터 인기 요리
**〈문화센터 인기 요리 수업
한 권으로 끝내기〉**

사찰음식 연구가 정재덕 셰프의
〈채식이 맛있어지는 우리집 사찰음식〉

달콤한 디저트를 선물할래

1판 1쇄 펴낸 날 2016년 04월 21일

편집장	박성주
책임편집	김유미
편집	김진우·구효선
레시피 검증	백운숙·김유미·엄보람
아트 디렉터	원유경
디자인	조운희
사진	김덕창·박동민(Studio Da)
스타일링	최새롬(Styling ho, 010-7142-2521, 어시스턴트 김혜진)
포장	선물포장 아우름(02-537-5955, 디자인 김희정)
요리 어시스턴트	서연우·노혜영·하유미·김찬수
마케팅	윤혜영·정미화
영업·관리	조준호·이아름

펴낸이	조준일
펴낸곳	(주)레시피팩토리
주소	서울시 광진구 아차산로 262 B - 306, 903(자양동, 더샵스타시티)
독자센터	1544-7051
팩스	02-534-7019
홈페이지	www.recipe-factory.co.kr
독자카페	cafe.naver.com/superecipe
출판신고	2009년 1월 28일 제25100-2009-000038호

제작·인쇄	(주)대한프린테크

값 14,800원

ISBN 979-11-85473-17-8

소품 협찬
마리컨츄리(maricountry.com), 메종드실비(maisondesylvle.com), 스타일리티(styliti.com), 유두홈(u2home.co.kr), 하우스라벨(houselabel.co.k)